烟草主要根茎部病害发生的土壤环境因素与调控技术

王瑞　黎妍妍　杨勇◎主编

四川科学技术出版社

图书在版编目（CIP）数据

烟草主要根茎部病害发生的土壤环境因素与调控技术 /
王瑞，黎妍妍，杨勇主编 . -- 成都：四川科学技术出版
社 , 2024. 12. -- ISBN 978-7-5727-1664-5

Ⅰ . S435.72

中国国家版本馆 CIP 数据核字第 2025YP3772 号

烟草主要根茎部病害发生的土壤环境因素与调控技术
YANCAO ZHUYAO GENJINGBU BINGHAI FASHENG DE
TURANG HUANJING YINSU YU TIAOKONG JISHU

主　　编　王　瑞　黎妍妍　杨　勇

出 品 人　程佳月
责任编辑　朱　光
助理编辑　王睿麟　张　晨
选题策划　鄢孟君
封面设计　星辰创意
责任出版　欧晓春
出版发行　四川科学技术出版社

　　　　　成都市锦江区三色路 238 号 邮政编码 610023

　　　　　官方微博 http://weibo.com/sckjcbs

　　　　　官方微信公众号 sckjcbs

　　　　　传真 028-86361756

成品尺寸　170 mm × 240 mm
印　　张　7.75
字　　数　155 千
印　　刷　三河市嵩川印刷有限公司
版　　次　2024 年 12 月第 1 版
印　　次　2024 年 12 月第 1 次印刷
定　　价　60.00 元

ISBN 978-7-5727-1664-5

邮　　购：成都市锦江区三色路 238 号新华之星 A 座 25 层　邮政编码：610023
电　　话：028-86361770

编委会

前　言

　　烟草属于茄科烟草属植物。烟草作为重要的经济作物,是一种高额利税农业产品,受到各国的广泛重视。烟草的病害种类多,发病严重,这极大地阻碍了烟草产量和品质的提升,其中根茎部病害危害严重,严重阻碍了烟草产业的发展。据统计,我国烟草因病害所造成的损失一般年份占烟草总产量的 10% ~ 15%,给烟草行业乃至国家经济造成巨大的损失。在各行各业"提质、增效"的大背景下,减少烟草病害发生,是提高烟叶内在品质、增加烟叶产值的重要手段,是提高地方政府财政收入、实现烟农增收的重要方法。

　　近年来,由于很多烟区进行烟草品种更替,可能导致烟草病害的种类、分布和危害程度发生一定改变,而且随着烟草种植面积和商品产业的迅速发展,大量病害开始蔓延,病害防治工作显得十分重要。因烟草根茎部病害症状相似、诊断难度大,难以掌握不同烟区的病害种类及发生状况,且不同品种对根茎部病害的抗性差异还不是很明确,难以有效指导当地开展相应的防治工作。采用任何一种单一的防治策略很难得到预期的效果,综合防治便受到更多人的青睐。

　　鉴于此,本书通过研究烟草根茎部常见病害的发生情况,分析病害发生与环境因子之间的关系,厘清土壤环境因素对烟草根茎部常见病害的影响。本书介绍了烟草根茎部常见病害,论述了烟草根茎部常见病害调控技术的原理,如烟草青枯病、烟草空茎病、烟草黑胫病与烟草根黑腐病害的调控技术,并对烟草根茎部病害其他防控措施进行了探索。本书可供研究烟草病害的相关人员参考,也可为想要了解烟草相关知识的其他读者提供一定的帮助。

　　本书参考了有关著作和相关教材,在此一并表示感谢。鉴于作者的水平及学识有限,本书还存在很多不足,欢迎各位读者提出宝贵意见和建议。

目　录

第一章　烟草的起源与生长

第一节　烟草的起源与传播

　　烟草在植物分类学上属于双子叶植物纲、茄目、茄科、烟草属。烟草属中大多数是草本植物，少数是灌木或乔木状，多数为一年生的，也有多年生的，主茎高度从十余厘米到数米，单叶互生，有的品种有叶柄，有的品种无叶柄，叶形主要有椭圆形、卵圆形、披针形、心形几种。烟草种间植株差异较大，但大多都能产生一种特有的植物碱，即烟碱。1561年，法国驻葡萄牙大使 Jean Nicot 将烟草种子带回法国，精心栽培在自己的花园，为了纪念 Jean Nicot，人们将烟碱命名为 nicotine。1753 年，植物学家 Carolus Linnaeus 把烟草属的学名定为 *Nicotiana*。按植物学性状分类，栽培烟草分为普通烟草（红花烟草）和黄花烟草。按制品又可分卷烟、雪茄烟、斗烟、水烟、鼻烟和嚼烟。我国通常按烟叶品质特点、生物学性状和栽培调制方法，把烟草划分为烤烟、晒烟、晾烟、白肋烟、香料烟和黄花烟六类。目前已发现的烟草属有 60 多种，但被人们栽培和利用的只有普通烟草和黄花烟草两个种，其他为野生种。普通烟草又叫红花烟草，是一年生或二、三年生草本植物，一般适宜种植在较温暖地区；黄花烟草是一年生或两年生草本植物，耐寒能力较强，适宜在低温地区种植。国内外栽培的烟草主要是普通烟草种，仅有零星地区栽培黄花烟草种。

　　有关烟草资源的考察证明，烟草起源于美洲、大洋洲及南太平洋的某些岛屿，其中普通烟草种和黄花烟草种都起源于南美洲的安第斯山脉。从烟草属植物的分布上看，原产于南美洲的烟草属品种最多，既有黄花烟草种、普通烟草种，又有碧冬烟草种，而原产于北美洲、澳大利亚和非洲的都属于碧冬烟草种；南美洲是烟草属植物的重要分布区之一，拥有多个烟草种类。因此，烟草起源于南美洲的学说最为研究者所认同。

考古学证据表明，早在 3 500 年前，南美洲土著居民就已经有了种植和吸食烟草的行为。当地居民最初使用烟草是因为烟草具有解乏提神、镇静止痛和防虫蛇咬伤的重要作用。1492 年哥伦布发现美洲新大陆之后，烟草作为一种"药草"传入欧洲，因其神奇的疗效和作用，迅速受到上流社会青睐，被视为可以治疗百病的灵丹妙药。烟草作为一种嗜好品，其本身具有兴奋和麻醉作用，会让人形成一种强烈的依赖性，因此，航海去美洲的水手将烟草种子带回欧洲后，不到百年的时间，吸食烟草便风靡全球，成为人们的一种消遣、娱乐活动。目前，烟草在世界上分布很广，从北纬 60° 到南纬 45°，从低于海平面的盆地到海拔 2 500 m 的高原和山地都有烟草分布。烟草传入中国大约是在 16 世纪中叶，最开始传入的是晾晒烟，距今已有 400 多年的种植历史，接着传入的是黄花烟，距今有 200 多年的历史。其他类型烟草传入中国的时间较晚，烤烟于 20 世纪初被引进，香料烟于 20 世纪 50 年代被引进，白肋烟于 20 世纪 60 年代被引进。之后，马里兰烟和雪茄烟等烟草类型也相继传入中国。烟草在传播的过程中，由于自然生态环境不同，其形态特征和生长特性也不断发生变化。在自然因素、品种特性、栽培技术、调制方法等多种因素的影响下形成的多种多样的烟草种质资源是科学研究和烟叶生产的重要宝贵资源。现在中国南起海南岛，北至黑龙江，东起黄海之滨，西至新疆伊犁，甚至在西藏海拔约 3 000 m 的高山上均有烟草种植，烟草种植区域分布广泛，烟草种类也丰富多样。

烟草作为一种特殊的消费品，催生了烟草种植业，促进了烟草贸易的发展，现已成为一种高利润的经济作物。目前，烟草作为卷烟制品的主要原料，在世界上有 120 多个国家和地区种植，遍及亚洲、南美洲、北美洲、非洲及东欧的广大地区。其中，中国的烟草种植面积和产量均居世界首位，烟草产量占世界总产量的 1/3 左右，是全球烟草生产和消费第一大国。当前，烟叶生产在中国国民经济中占有举足轻重的地位，尤其在边远山区的乡村振兴、容纳劳动力就业和和美乡村建设中发挥着重要的作用。

第二节　烟草的生长发育与形态特征

烟草的生长是其体积和重量不可逆的增加，在形态上进行有规律的变化，整个生长过程会经历种子萌发、胚生长、新器官的产生等几个阶段，这些都是细胞生长和分化的结果。烟株的生长、分化是烟草体内各种生理与生物化学活动的整体表现，通过研究烟株的内部变化规律与环境间的关系，可以得到烟株正常生长所需要的条件，掌握如何控制烟株生长发育，这对于在烟草生产过程中正确地使用各项技术以提高烟叶的产量和质量具有极其重要的意义。

一、烟草种子的萌发

（一）烟草种子的萌发过程

烟草种子后熟之后，在外界条件适合时即可萌发。

1. 烟草种子萌发过程中的形态变化

在最适环境条件下，烟草种子发芽，首先表现出的是胚根从珠孔处突破种皮，这就是所谓的萌动，俗称"露白"。这时种子的含水量达种子重量的65%～70%。从种子吸水到胚根突出，需3～5 d。随后胚根不断伸长，并长出根毛，然后种皮脱落，伸出子叶，从露白到种皮脱落需4～6 d。之后陆续长出真叶，从子叶展开到第一片真叶出现需6～7 d，第一片真叶出现后，第二片真叶也很快形成，并与子叶呈十字形，该阶段被称为"小十字期"。在这之后，温度适宜时则3～5 d生出一片真叶，从第三片真叶出现到第七片真叶出现的阶段称为生根期，这时根长8～12 mm，并有侧根产生。在第五至第七片真叶出现前后，第三、四片真叶竖成猫耳状，又称猫耳期。当出现四片真叶交叉成十字形时又称为"大十字期"。在这之前烟苗各器官都生长缓慢。茎生长更慢，待幼苗根系比较发达之后，茎叶生长才开始加快，这时幼苗根可以入土在15 cm以上。再经过一段时间的生长，就可形成适于移栽的烟苗。

2. 烟草种子萌发的生理过程

（1）萌发过程中的水分吸收

烟草种子中原本只含有 6% ~ 8% 的水分，但种子细胞中大量的蛋白质、脂质以及细胞壁中的纤维素和果胶等物质的分子上具有亲水基团，这些基团都是亲水胶体物质。在干燥种子中，亲水胶体物质大多处于凝胶状态而不表现出生理活性。一遇到水，这些亲水凝胶就能迅速吸水，使分子间的距离增大，而水分充满了这些物质的间隙后，就变成了溶胶态，这个过程中种子逐渐膨胀。这个阶段又称为种子的吸水膨胀过程（吸水的第一阶段）。根据周冀衡的研究，烟草种子经浸种后吸胀过程只需 8 ~ 10 h 就能完成，当吸水量为 30% ~ 40%，种子的吸胀阶段停滞，在 12 ~ 36 h 内种子含水量几乎没有增长，这是烟草种子吸水的滞缓阶段（第二阶段）。这一阶段内种子含水量和干物质都没有明显的变化，是种子萌发的准备阶段。如果在浸种 24 h 内又将种子重新干燥，贮藏一段时间之后，重新播种，这些烟草种子仍保持一定的萌发活性。这表明在经过吸胀（第一阶段吸水）和萌发的准备阶段（第二阶段吸水滞缓期）的前期之后，烟草种子的萌发生长并未真正启动。还有试验证明，需光种子在这一时期需要接受光刺激才能萌发。种子在停止吸水 36 h 或更长的时间后才重新恢复吸水（吸水的第三阶段），这时烟草种子已经完成了萌发的准备阶段，进入了萌发生长阶段（种子内部的生理生化过程要早一些完成）。种子的干重 2 ~ 3 d 后开始降低，这表明种子内部的呼吸作用增强。随后的时间里种子有"可见萌发"出现。由此可见，烟草种子完成第二阶段的吸水过程之后，就进入了不可逆的生长过程。

在烟草种子萌发过程中，水分是非常重要的，它使种子内的贮藏物质、酶活性乃至整个原生质逐渐变得活跃起来。种子的透性提高使 O_2 和 CO_2 可以顺利地进行交换。种子内的呼吸作用等生理生化活动积极进行。这些正是种子萌发时能量转化和物质变化的基础。

（2）萌发过程中的物质变化

在种子吸胀后的前两天，干物重没有明显的变化，进入第 3 天种子的干物重开始减少，到了第 6 天种子的干物重降到了最低值，随后由于子叶转绿后进行光合作用，种苗的干物质重新升高。可见烟草种子进入萌发生长的前六天内还是利用母体营养来完成其萌发进程的，在及时给予光照后子叶的光合作用使种苗逐渐转为独立的自养阶段。

第一，萌发过程中的酶变化。种子在萌发过程中，贮藏物质、原生质胶体、种子细胞内的细胞骨架和各种保护物质都经历了一系列复杂的分解、合成、转化过程。这些过程都是由种子内部的酶来催化完成的。

风干状态的种子，由于细胞中的大多数酶蛋白呈结合态存在于种子内，所以这些酶的活性很低。当吸水膨胀以后，细胞的原生质由凝胶态变为溶胶态，原来完全处于结合状态的各种酶类，逐渐恢复了活性，并且在种子萌发的过程中产生更多的酶。这些酶在水介质中相互作用，从而使种子启动了各种生理生化代谢，促使种子进行旺盛的生命活动。

种子吸水膨胀以后，将种子内贮藏的复杂物质在水解酶的作用下分解成简单的可溶性物质，它们被运输到种子的胚部，再经过各种代谢过程中的一系列酶促反应，重新形成各种物质，用于构建新的细胞和器官。

第二，碳水化合物的转化。烟草种子中贮藏的糖类物质较少，但在萌发的初期最先分解利用这类物质。种子萌发时，不仅贮藏的淀粉被分解，而且胚乳细胞壁上的半纤维素也在细胞内解糖酶的作用下分解成戊糖或己糖，使细胞壁变薄。细胞解糖酶是在胚中生成的。

大分子碳水化合物分解成的戊糖和己糖，一方面可以作为种子呼吸作用的底物，为烟草种子的生命活动提供能量。另一方面又可以被运输到胚部为合成新的细胞和器官提供结构物质。

第三，脂类物质的转化。烟草种子中的脂肪类物质含量很高，吸胀后的种子在脂肪酶的作用下分解成甘油和脂肪酸。甘油可直接参与细胞内的糖代谢过程，转化为糖类物质或作为呼吸作用的底物产生能量，也可以作为新细胞的组成原料。脂肪酸主要经过 β- 氧化分解成乙酰辅酶A，再经过三羧酸循环和氧化磷酸化作用生成腺嘌呤核苷三磷酸（ATP），为细胞的生长代谢提供能量。脂肪酸也可以转化成糖类物质重新形成氨基酸、蛋白质或核酸等生物大分子，用于新细胞的形成。

第四，蛋白质的转化。蛋白质是烟草种子中含量较高的化合物。种子中贮藏的蛋白质不分解是不能直接用于新的细胞形成和体内物质合成的。种子发芽时，贮藏的蛋白质在蛋白质水解酶的作用下，分解成各种氨基酸。这些氨基酸可以参加细胞中的能量代谢和物质合成。

第五，烟碱。种子中有没有烟碱和吡啶类物质一直是烟草研究者争论的问题之一。左天觉发现成熟的烟草种子中没有吡啶化合物，却发现了烟酸（136 μg/g）和少许生物碱的衍生物（12 μg/g）。成熟的粘毛烟草（*N.glutinosa*）种子中未测出烟碱。红花烟草的未成熟种子中烟碱含量较高，在成熟之后不含烟碱。黄花烟草在种子萌发的最初四天中也能测出烟碱。粘毛烟草在种子萌发后就有烟碱和去甲烟碱。经研究，烟草种子萌发时种子内的烟碱是由种子内贮藏的蛋白质降解后生成的天冬氨酸与丝氨酸生成的。这表明烟碱的生成与胚根和胚轴中的蛋白质代谢有关，当胚轴伸长后，烟碱含量降低。这时，烟碱的形成已不再与贮藏蛋白质有联系，而是与烟碱合成的前体物质有关。当胚根形成了新的侧根后，种苗的烟碱含量又有所升高。

（二）影响种子萌发的外界条件

种子是否具备萌发能力是萌发与成苗质量的内部条件，但要达到苗齐、苗匀，培育出健壮的烟苗还需要一定良好的外界条件。

1. 水分

风干贮藏期间的烟草种子含水量为 7% ~ 8%，种子的生命活动较弱。萌发过程必须先吸水膨胀，使种皮变软，透性增大。当种子含水量达到 60% ~ 70% 以后，开始萌动。最后胚根冲破种皮而发芽，子叶展开的幼苗含水量已在 95% 以上。因此，水分是烟草种子萌发的先决条件。萌发时水分不足，则萌发缓慢，幼苗细胞不能充分伸长，而使苗小。一旦形成小老苗将丧失使用价值。水分过多，则易造成供氧不足，导致烂芽。根据烟草种子萌发的需水规律，在生产上应注意：①催芽时要经常洒水、翻动，保证种子有温度而又松散透气。②催芽器具不能有油，以免影响正常的水分交换。③采用苗床双沟底的办法保证萌发成苗需要的水分。在胚根冲破种皮之前，使烟草种子进行一定时期的干燥，可增加种皮的透性，这对种子生活力不会产生不良影响，还有一定的刺激萌发的作用。当胚根出现之后，供水不足就会对胚根生长带来不利影响，过分干燥时还易造成胚根死亡。

2. 温度

种子萌发不仅需要水分，还需要适宜的温度。在种子吸胀阶段，对温度的要求不高，一昼夜可以完成。萌发的最低温度为 11 ～ 12℃，而在最适温度 25 ～ 28℃时，8 ～ 10 h 就可结束吸胀过程。当胚芽伸长后，17 ～ 18℃时幼芽就可旺盛生长，而在 25 ～ 28℃时生长最为迅速。在种子露白前保持 25 ～ 28℃这个最适温度非常重要。这样可以加速萌发，减少种子内养分的消耗，但是这个过程的温度在苗床很难实现，因此，播萌动的种子会更为有利。温度高于 30℃，发芽和生长较快，但萌发率降低。温度高于 35℃时，发芽率降低，已萌发的种子还会失去活力。

温度对烟草种子萌发的影响与种子的后熟有关，采收后 5 个月以内的新种，在 30℃条件下萌发不好，发芽系数低于在 15℃条件下萌发的种子。而采收后 1 ～ 2 d 的种子，在 30℃条件下发芽系数高于 15℃条件下萌发的种子。

3. 氧气

种子萌发过程中体内进行着强烈的物质转化，而这些生理生化过程的中心则是呼吸作用。烟草种子脂类和蛋白质等含量较高，萌发时需氧量很大。如果没有充足的氧气供给，有氧呼吸不能正常进行，不但不能为种子萌发提供足够的能量和有机物质，还会因无氧呼吸的大量进行造成温度过高并产生对生命活动不利的代谢产物，容易造成"烧种"。

种子的表面积大，易形成水膜而妨碍氧气透入种子内部，从而造成缺氧，所以，在催芽时水分不可过多，要经常翻动，改善发芽时的通气条件。另外，要切实防止种子被油脂污染而造成气体交换受阻。

4. 光照

除了前面所讨论的各种条件对烟草种子萌发的影响外，光照对于种子萌发后的幼苗生长更为重要。在生产中，烟草催芽时要给以光照，特别是在暗处发芽 1 ～ 2 d 后，每天给以 4 ～ 5 次的间歇光照是必要的。当幼苗出土后，胚轴对光的反应十分敏感。光照不足，胚轴很快延伸，使烟苗瘦弱。当用塑料薄膜育苗时，定苗后要注意及时揭膜，利用有利的气候条件通风透光，使地上部健壮，根系生长迅速以利培育壮苗。

二、烟草的成花生理

烟草经过营养生长阶段后，在适宜的条件下，便分化出花芽，进入生殖生长阶段，开花、结果，最后形成种子。花芽分化及开花是烟株由营养生长转入生殖生长的标志。在这个短暂时期，生长锥不但在形态上发生了显著的变化，而且在生理、生化方面也发生了深刻的变化。植株在开花之前，对环境的反应相当敏感，对开花影响最大的环境因子是日照长度与温度。目前，对于光照、低温对开花的影响研究比较深入，但对决定开花的内部基因控制还了解甚少。本节主要讨论光照与温度对植物开花作用的影响。

（一）外界条件对植物成花的影响

1. 温度对成花诱导的影响（春化作用）

（1）春化作用的机理

许多植物（如冬小麦、黑麦、白菜、萝卜等）需要经过一定时间的低温后，才能开花结果，这种低温促进植物发育的现象，称为春化作用。不同的植物感受春化的时间不同，从萌动的种子到成长的植株都可以进行春化作用。春化作用中感受低温的部位一般是茎尖的生长点，植物的春化过程对开花只起诱导作用，低温本身并不引起开花，在春化过程完成以后，花原基仍不出现，植株在较高温度下才能分化出花芽。

不同的植物在春化中所要求的温度范围和持续的时间是不一样的，这与植物原产地有关。一般原产北方的品种，冬性较强，要求的温度低，并且温度范围较窄，需要的时间较长；而原产南方的品种，春性较强，要求的温度范围不太严格，时间较短。根据春化过程对低温的要求不同，可将植物分为冬性、半冬性和春性三类。

（2）春化作用的条件

春化作用除要求一定的低温外，还需要适当的水分、氧气和必需的营养，萌动的种子完成春化作用需要40%以上的含水量，而在活跃生长时需要含水量在80%～90%，并且还要有充足的氧气。试验证明，在真空、氮气中或缺氧条件下，即使含水量超过40%，并给予必要的低温，种子仍不能完成春化作用，由于春化期间氧化还原作用加强，过氧化物酶与过氧化氢酶的活性提高，所以充足的氧气有利于呼吸作用的加强，以便在春化期间为具有分化能力的细胞提供必需的物质和能量。此外，春化时还需要足够的营养物质，因此，呼吸作用需要底物。但春化作用的主导因素还是低温，在高温条件下（25～40℃）或缺氧条件下，都能解除春化作用。在春化作用结束之前，把植物放到高温条件下，低温的效果即可被消除，植物也不能被诱导开花，这种由另外条件解除春化的现象叫作去春化作用。春化进行的时间愈短，高温解除的作用愈明显。当春化处理的时间达一定程度后，春化效果逐渐稳定，高温便不易解除春化。解除春化的冬性作物，再给予低温处理，仍可继续春化，这种现象叫"再春化现象"。因此，低温春化处理的效果可以积累。

（3）春化过程中的植物的生理生化变化

经过春化作用后，植物在外形上没有明显的变化，但内部生理过程却发生了深刻的变化，如蒸腾作用增强、水分代谢加快、叶绿素含量提高、光合作用增强；许多酶的活性被改变，如抗坏血酸氧化酶活性不断增加而细胞色素氧化酶的活性逐渐降低。呼吸作用增强，RNA 及蛋白质含量增加，因此，经春化作用的植株代谢强度升高，抗逆性特别是抗寒性显著降低。

2. 光照对成花诱导的影响（光周期现象）

（1）光周期现象及反应类型

光照对于植物发育的影响是非常明显的。在自然界中，光照和黑暗总是交替进行的，一些植物只有在光暗交替的条件下才能开花，否则，就不能开花或延迟开花。美国科学家 W.W. Garner 和 H.A. Allard 首先发现光周期影响烟草的开花，他们观察到美洲烟草与其他地区的烟草不同，美洲烟草在美国华盛顿附近的夏季长日照下，株高 3～5 m 也不开花，但在冬季转入温室中栽培之后，烟株高度不及 1 m 即可开花。经过反复试验发现，日照长度可能是影响烟草开花的关键因素。后来，通过多种植物的试验证明，日照长度是控制植物开花的主要条件。一天之中，白昼和黑夜的相对长度叫光周期，而一些植物在生长发育过程中，必须经过一定时间的适宜光周期后才能开花，否则将一直处于营养生长状态，这种昼夜长短影响植物开花的效应叫光周期现象。

根据对光周期的反应不同，植物可分为：①长日植物；②短日植物；③日中性植物。

同一种植物的不同品种对日照的要求也不相同，烟草可以分为以下三类。

长日品种：这种品种只有在日照长、黑暗短时才能开花，甚至在连续光照下也能开花，日照短时（少于 12 h）则不开花或延迟开花，如柳叶尖品种。

短日品种：这类烟草在其生长过程中，对光周期的要求是白天短、夜间长（日照 8 ~ 10 h），光周期过长时，烟株只进行营养生长而不能开花，如马里兰多叶烟、云南多叶烟、山东多叶烟、革新 5 号等。

日中性品种：这类品种对日照长短没有严格的要求，不论日照长短如何，在生育末期总是要开花的，烟草的大多数品种都属于日中性和短日品种，如烤烟中的大金元、大黄金、400 号等品种。

长日植物要求每天日照大于一定临界日长，而短日植物则要求每天日照小于一定临界日长，才能开花。所谓临界日长就是指植物成花所需要的极限日照长度。不同的长日植物和短日植物其临界日长是不相同的。日中性植物无临界日长。

长日植物和短日植物的差别，不是在于它们对日照长短要求的绝对数值上，而在于它们对临界日长的敏感反应上。例如，长日植物冬小麦的最低极限为 12 h，而短日植物烟草的最高极限为 14 h，这样在 13 h 的日照条件下，二者都能开花，如果超过最高（或最低）极限日照时间，两者均延迟或不能开花。

大多数短日照品种的烟草在光期短于 14 h 的临界日长就能开花，并且在一定范围内，黑暗时间越长，开花越早，但一般光照时数也不能低于 6 h，否则影响光合作用，合成有机物质太少，导致营养不良。

（2）光周期诱导的机理

由于光周期作用而诱导植物开花的过程叫光周期诱导。具体地讲，植株一旦经过适宜的光周期处理，以后即使处于不适宜的光周期下，仍然可以保持这种刺激的效果，即花的分化不是出现在适宜光周期处理的当时，而是在处理后若干天。试验证明，植株并不是整个营养生长期都需要进行光周期诱导才能开花，而是只要在花原基形成以前的一段时间处于适宜的光周期条件下，即可诱导开花。

烟草感受光期的器官为叶片，叶片经受光周期影响，生长点开始分化的时间比较晚，出苗后 65 ~ 80 d 开始，而完成光周期诱导的时间却很快，通常只要 5 ~ 7 d 即可完成。光期对烟草发育的影响与温度有关，立道美明曾指出，促进花芽分化的最适条件是日照 8 ~ 10 h，温度 13 ~ 18℃。

另外，无论是长日照品种还是短日照品种，暗期对植株感受光周期更为重要，因为长日植物必须在暗期短于一定限度时才能开花。如果在长暗期的中途，用短暂的灯光照明几分钟到三十分钟，打断暗期的连续性，就会产生与短夜一样的效果，即短日植物不能开花，而长日植物开了花。如果反过来，用短暂的黑暗打断光期，则不论长日植物或短日植物开花都没有影响，因此，可以得出诱导植物开花的关键在于暗期的作用。同时，常常也用临界夜长来表示对暗期需要的极限。临界夜长与临界日长是相对的，对于长日植物，临界夜长是指能够引起开花的最大暗期长度，对于短日植物则是指能够引起开花的最小暗期长度。

由此可见，暗期比光期诱导植物开花更为重要，而且需要的是连续的黑暗，暗期虽然对光周期更为重要，但是，并不是否定光期。事实上，只有在适当的暗期并在昼夜光暗交替下，植物才能正常开花。试验证明，暗期长度决定花原基的发生，而光期长度决定花原基的数量，如果没有光期的光合作用，花原始体的分化就缺少有机营养物质的来源。

（3）光敏素在成花诱导中的作用

不同光质的闪光试验发现，暗期中断最有效的光是红光（R），即在暗期利用红光进行闪光处理，结果抑制了短日植物开花，而诱导长日植物开花，但在红光照射之后立即用远红光（FR）照射，暗期中断的效应消失，即红光的暗期中断效应被远红光所抵消，这个反应可反复逆转多次。植物能否开花则决定于最后一次照射的是红光还是远红光。对短日植物来说，红光抑制开花，远红光促进开花；而长日植物则有相反的结果。根据红光与远红光的这种生理效应可推测出有光敏素参与成花过程。在 1959—1964 年，光敏素被检定并从燕麦黄化幼苗中分离提纯出来，光敏素吸收红光后，转变成吸收远红光形式，以 Pfr 表示，受到远红光照射，这种形式又转变成吸收红光形式，以 Pr 表示。光敏素广泛存在于高等植物的组织和器官中，如根、胚芽、鞘、茎、下胚轴、子叶、叶柄、叶片、营养芽、花组织、种子以及发育的果实。光敏素在细胞中的含量极低，一般黄化组织中其浓度为 $10^{-7} \sim 10^{-5}$ mol·L^{-1}。

光敏素是一种蓝色蛋白质，即色素–蛋白体，它是由蛋白质和生色团两部分组成的，能溶于水。植物种类不同，分离得到的光敏素分子量亦不同，一般在 50 ~ 150 kD。

光敏素在植物体内存在 Pfr 和 Pr 两种形式。Pr 最大吸收高峰在 660 nm，而 Pfr 最大吸收高峰在 730 nm，这两种状态可随光照条件的变化而相互转变。光敏素具有生理活性的存在形式是 Pfr 型。

光敏素在植物体中的生理作用，可能在光化学转换过程与另一种尚未确定的物质，可能是 ATP、NAD 或其他代谢物成 [x] 相互作用，形成一种复合物 [Pfr·x]，此复合物可能是一种酶，能够催化某一关键反应过程，因此，它的数量多少及存在时间的长短可能是光敏素调控生化反应的重要因子。由于 [x] 物质的性质以及 Pfr/Pr 的值不同，[Pfr·x] 复合体可能催化不同的代谢反应。关于光敏素引发各种生理生化反应的机理主要有三种假说。

第一，光敏素改变膜的性质，产生快反应（小叶片的闭合）及慢反应（叶子展开、开花、种子萌发、下胚轴伸展变直等）。有关研究显示，光敏素在膜上的排列对膜的影响引起快反应。

第二，光敏素提高某些酶类的活性，如苯丙氨酸裂解酶、NAD 激酶、硝酸还原酶、过氧化物酶、核糖核酸酶等。据统计，高等植物中有50 多种酶受光敏素的调控，通常认为光敏素的原初作用在于活化有关调节开花的某些酶类。

第三，光敏素活化与开花有关的基因，光敏素的作用在于刺激"中心代谢反应"，进而活化有关的开花素基因（组），促进开花。

目前认为，光敏素不是开花刺激物，但它可以触发开花刺激物的形成或激活。光敏素诱导植物成花并不决定于 Pr 与 Pfr 的绝对含量，而与 Pfr/Pr 的值有关。白光和黑暗对光敏素的转化作用与红光及远红光相似，在白天，植物处于光照下，体内光敏素呈 Pfr 型状态，而夜晚处在黑暗中，Pfr 便逐渐转变为 Pr 型。光敏素在白天光照后转变速度很快，而夜晚的暗转变速度慢，因此，黑夜的长短便决定 Pfr 在体内的数量，从而影响植物体内 Pfr 与 Pr 的含量比值。当夜晚较长时，暗转化过程长，体内 Pr 含量相应增加；当夜晚较短时，Pfr 转变为 Pr 数量便变少，从而长日植物要求较高的 Pfr/Pr 值，短日植物则要求较低的 Pfr/Pr 值；当夜晚长于临黑暗期时，Pfr/Pr 值降低，对于短日植物便能促进开花，而对长日植物便抑制开花。当用闪光间断长暗期时，由于闪光使 Pr 又迅速转化为 Pfr，Pr 含量降低，提高了 Pfr/Pr 值，因此，短日植物开花受到抑制，而长日植物开花得到促进。

光敏素在开花中的具体作用仍然不十分清楚，光敏素除影响植物开花外，还参与其他生理活动的调控。

3. 植物成花理论在烟草生产上的应用

了解植物开花所需要的条件，就有可能人为地控制开花，按生产的要求，提前或延迟烟草的开花期。

引种：一种优良品种从一地引到另一地区不一定合适，一般将南方的短日照品种引到北方，生育期会延长，而北方的短日品种南引，生育期会缩短，长日品种则相反，所以，在引种时就需要了解引入品种开花所需要的条件。如烟草短日品种，原产热带或亚热带，南种北引（至温带），提前至春季播种，利用夏季的长日照以及高温多雨，可维持烟草的营养生长，提高叶产量。

育种：用人工来控制温度和光照时间，能加速或延迟植物开花，使花期相差很远的两个品种或两种植物在同一时间开花，这样就可解决有性杂交中花期不遇的问题。另外，育种所获得的杂交品种后代，常需要培育很多代，才能得到一个新品种，如能使花期提前，在一年中就能培育二代或多代，这样就可缩短育种的年限。

（二）烟草花芽分化与开花习性

1. 花的分化与形成

（1）形态变化

双子叶植物烟草的花芽分化过程，都是以茎生长锥伸长开始的，并使生长锥表面积扩大。烟草生长到一定时期，开始从营养生长转向生殖生长，因此，当转入生殖生长时期，茎顶端生长点分化成生殖器官，并且茎按合轴方式分枝，茎顶端生长点分化成花，顶花下方的腋芽及副芽发展成为花序分枝。烟株发育阶段的转变，并不立刻表现于烟株的外部形态，在生殖生长的初期，除主茎顶端生长点已经分化出花芽外，烟株的外部形态并没有多大的变化，整个烟株仍然呈圆筒形或宝塔形，主茎仍在不断伸长，叶片继续地开展，直到全部叶伸展到一定程度后，主茎顶端发育成为花蕾，即到达现蕾期，生殖生长阶段的特征才明显起来。因此，在现蕾以前的一段时期，可以叫作花序分化期。一般来说，烟草在营养生长期，茎顶端生长点先是由一个平面体逐渐变成略平的圆锥体，周围生有许多发育程度不同的叶原基和幼叶，当开始转入生殖生长阶段时，由平的圆锥体变成高的圆锥体，最后变成尖的宝塔形。有 10 片左右的幼叶环抱着生长点，使得顶芽变得饱满起来，此时主茎上叶片数已经确定，不再增加新叶。以后生长点分化出 2～3 个小突起，这就是第一朵顶花和两个顶生花枝的原基，由花原基形成，花芽各部分分化与成熟的过程叫作花器官的形成或花芽分化。

（2）生理变化

在花芽分化过程中花原基代谢旺盛，内部有机物质发生显著变化。开始分化时可溶性糖如葡萄糖、果糖及蔗糖含量增加；氨基酸和蛋白质含量也增加，核酸的合成速度加快。这也表明生长锥的转变与核糖、蛋白质、碳水化合物的代谢有关。

（3）花芽分化的有关机理

在花芽形成与分化机理研究中，有人提出植物花芽形成的激素平衡和营养物质间存在着相互作用。植物的花芽形成与分化可能受植物激素、遗传物质、营养物质和多胺共同作用，试验结果均表明，植物激素赤霉素（GA）、脱落酸（ABA）、生长素（IAA）及多胺在一定程度上均可促进植物花芽分化。20世纪初，G. Klebs 通过大量试验得出，植物体内的营养状况可以影响植物成花过程，他认为，决定植物开花的因素并不是某些物质的绝对量，而是其比值，这种比值就是植物体内的碳水化合物与含氮化合物的比值，即 Klebs 提出的碳氮比（C/N）理论，这种比值高时植物开花；反之，比值低时植物不开花。后来 Kraus 和 Kragbill 的试验也得出了同样的结论。虽然 C/N 比学说不能解释植物开花的全部原因，但在生产上可以通过 C/N 比的调节来控制作物营养生长与生殖生长，达到促进或抑制开花的目的。以上结果表明，在一定的营养物质（碳水化合物与蛋白质）积累与成花诱导条件下，植物芽内的各种激素之间达到一定有利于成花的平衡状态后，由于植物激素的这种平衡状态促使"第二信使"多胺大量的合成，使开花基因得以表达，并向成花部调配营养物质促进特殊蛋白质（包括一些酶）的合成,促使花原基的形成与分化。

（4）影响花芽分化的因素

在植物的成花过程中，花的诱导和花器官形成是两个过程，这两个过程既相互联系又相互独立。当植物经过低温和光周期的影响之后，就完成了前一个过程，即成花过程，但只有在适宜的外界条件下才能完成后一个过程，即促使花器官的分化和形成，最后才能够开出花来。第一，光对花的形成影响很大，花开始分化，自然光照时间越长，光照强度越大，形成有机物越多，对开花愈有利，低光强下花的数量少。第二，温度对花器官形成影响也很显著，低温会导致花分化延迟甚至停止，花粉粒发育不正常，细胞减数分裂异常，因而影响花器官的形成。第三，水分在花的形成过程中也是十分重要的，雌雄蕊分化期和花粉母细胞及胚囊母细胞减数分裂期对水分特别敏感。第四，肥料，尤其氮肥对成花的形成也特别重要，氮肥适中时，配合磷、钾及微量元素肥料，会促使花芽分化加快，并增加成花数量。

2. 开花习性

烟草是有限花序，为聚伞花序，因种类和品种的不同，又有单歧、二歧或三歧聚伞花序，或单歧、二歧、三歧复合聚伞花序。烟草植株顶芽分化成花及花枝以后，顶芽下方的腋芽也自上而下逐个分化成分花枝，每个花枝都按上述方式发展成为复聚伞花序。烟草的花是两性完全花，具

15

有辐射对称性，但因为两个对称面都不是前后对称面，所以，这种辐射是不整齐的，花基数是 5，即 5 个花萼、5 个花冠，联合成钟状和管状，雄蕊 5 枝，雌蕊 2 心室，2 心皮，子室上位，多数胚珠。

烟草花期从现蕾到凋谢的过程，可分为现蕾、含蕾、花始开、花盛开、凋谢等五个时期。现蕾期在花序中开始出现花蕾；含蕾期花冠充分生长到最大限度，但前端尚密闭；花始开期花冠前端开裂；花盛开期花冠的喇叭口开放成平面；凋谢期是自花冠枯黄至脱落的一段时期。开花的顺序一般是主茎顶端第一朵花最先开放，2～3 d 后花枝上的花陆续开放，整个花序的开花顺序为先上后下，先中央后边缘。已有资料表明，烟草开花主要在白天，夜晚很少。烟草在一天中的开花数量，除因品种不同而不同外，也随环境条件而有差异。高温低湿，开花较多；低温多湿，开花较少；晴天开花多；阴天雨天或灌水后，开花较少。

三、烟草的生殖、成熟与衰老

植物通过成花诱导之后形成花原基，进行花芽分化，并在合适的条件下就能开花。花的出现标志着植株从营养生长阶段进入生殖生长阶段，植物的有性生殖过程包括花的形成与开放，授粉与受精，胚与胚乳的发育，果实与种子的生长和成熟，之后植株就进入衰老阶段，在这个过程中发生着深刻的生理生化变化。

（一）烟草的生殖与成熟生理

1. 花粉生理

（1）花粉的形态构造

烟草的花粉粒为淡黄色，从极面看呈圆形或近四面体圆形，从赤道面（侧面）看呈长椭圆形，直径为 25～40 μm，外壁上有 3～4 条沟，在每条沟中间有一个近圆形的发芽孔，花粉粒外壁平滑，但实际上外壁有肉眼看不到的小孔，花粉粒含有丰富的透明细胞质、细胞核。营养核较大，生殖核较小，成熟时形成一个由 2～4 个细胞组成的配子体，扁椭圆形生殖核在花粉粒萌发出花粉管时，又进行一次有丝分裂产生两个精子（雄配子）。

（2）花粉的化学组成

壁物质：占花粉结构物质的 65%，成熟的花粉可明显地区分为外壁与内壁。花粉外壁较厚，由纤维素、角质和花粉素构成。花粉素是由类胡萝卜素、花药黄质及类胡萝卜素酯的氧化衍生物形成的聚合物；花粉内壁较薄，由果胶质和胼胝质组成。无论外壁还是内壁，均含有活性蛋白，属于糖蛋白类，授粉时与柱头相互识别有关；内壁蛋白是花粉自身合成的，主要是与花粉萌发和花粉管在柱头中伸长相关的水解酶类。

色素：主要包括花色素和类胡萝卜素，花色素不仅可以吸引昆虫传粉，还可以防止紫外线的破坏。

碳水化合物及含氮化合物：花粉内碳水化合物种类和含量因植物种类不同而不同，一般来说，风媒花的花粉含淀粉多，虫媒花的花粉含较多的脂肪和糖。在花粉的含氮化合物中，可溶性氮含量较高，主要为氨基酸类，尤其是脯氨酸含量最高。据研究，脯氨酸与花粉的育性有关，不育的花粉中基本上不含脯氨酸。

酶类：花粉中已鉴定出 80 多种酶，主要为水解酶类，如淀粉酶、转化酶、果胶酶和蛋白酶，另外还有少量的细胞色素氧化酶、过氧化物酶。酶在花粉与雌蕊相互作用中起着重要的作用。

激素和维生素：激素类主要有生长素、赤霉素、细胞分裂素、乙烯等。曾有科学家从油菜的花粉中分离出一种表油菜素内酯，经研究，确定其主要成分为具有甾体结构的生长调节物。维生素类主要有维生素 E、维生素 C 及维生素 B 类。

（3）花粉萌发与花粉管的生长

在室温下用 5% 的葡萄糖水溶液培养烟草花粉粒，30 分钟后就开始产生花粉管，此时细胞质内颗粒很多，不再呈透明状；90～100 min 后，花粉管顶端开裂，放出一堆透明液状物；100～105 min 后，花粉管由顶端逐步向基部退化消失，此时花粉粒也由椭圆形变成菱形。一般生长素及赤霉素能够促进花粉管伸长。花粉萌发与花粉管的伸长还受到环境条件的影响，如温度、湿度等。

2. 授粉、受精生理

（1）授粉生理

在花初开时，当花粉落在柱头上，便立即吸水，接着花粉外壁的蛋白质释放出来，与柱头表层的薄膜相结合，如果花粉与柱头是亲和的（相互识别），花粉粒膨大并正常萌发出花粉管，花粉管的尖端产生角质酶，以便溶解柱头的角质层，使花粉管穿过柱头而生长进入子房，如果花粉与柱头是不亲和的（相互排斥），柱头的乳突立刻产生胼胝质，阻碍花粉管的穿入，不能受精。

授粉后，花粉的萌发与花粉管的伸长对柱头、花柱和子房产生极为深刻的影响，因为花粉管摄取柱头和花柱内物质，并分泌一些物质到雌蕊中去，因而雌蕊代谢发生变化，如呼吸作用加强，许多研究表明授粉后雌蕊组织的呼吸速度比未授粉时增加 0.5 ~ 1 倍。另外授粉后雌蕊吸收水分和无机养分的能力大为增强，并且授粉后，雌蕊中生长素含量急剧增加，以烟草为例，花粉生长素含量为 1，花柱为 30，子房则为 100。授粉后，各种有机物和无机物源源不断从植株的营养器官（茎、叶）中运到雌蕊，这对整个植株都产生极大的影响，在授粉后，雌蕊很快长大起来，子房剧烈生长，如不授粉，子房的生长速度就下降。

（2）受精生理

当花粉粒落到柱头上，经过相互识别，如果二者是亲和的，花粉粒很快萌发伸出花粉管，伸入乳突的细胞之间，并沿着花柱内传递组织的薄壁细胞的间隙延伸到子房，然后穿入胚囊进行受精。受精作用即为雌、雄性细胞相互融合的过程。烟草的受精过程需要 24 ~ 36 h，并随着品种和栽培环境条件的不同而有很大的差异。花粉管进入胚囊后先穿过助细胞，然后靠近卵细胞放出两个精子和卵细胞及中央细胞进行双受精。双受精完成后，3 核结合后生成的初生胚乳核开始分裂，随后形成胚乳，从而完成了受精过程。

受精后，卵细胞处于一段休眠状态：受精后卵细胞变成合子，受到激活，呼吸速度也伴随着发生变化。呼吸速度提高，物质的代谢也发生剧烈的变化，原因之一是子房中生长素含量迅速增加，大量生长素"吸引"营养器官的养分集中转运到子房中，以满足子房生长的需要。同时，细胞质中原来呈游离状态的核糖体在受精后则形成大量的多聚核糖体（mRNA 与核糖体复合体）。Jensen 认为，合子核能释放出长寿命的mRNA，这表明遗传信息与分化之间可能存在着联系。受精后细胞质中各种细胞器数量增加，并进行重新分布。

3. 种子和果实成熟生理

（1）胚的发育

卵细胞在受精后，受精卵周围形成胚乳，此时卵细胞经过一段时间的休眠，然后开始分裂，最初两次是横分裂，形成直线排列的 4 个细胞，这时期称为"直列 4 细胞原胚期"，由末端细胞分裂而来的两个细胞，经过两次纵分裂，这两次分裂的面相交成直角，达到"8 细胞胚期"。由基细胞横分裂形成的两个细胞，各经过一次横分裂，形成一串直列的 4 个细胞，此时共有 6 层细胞。第一、二、三层细胞形成了不发达的胚柄，第四层的 1 个细胞参加胚体的组成，之后形成根端；由末端细胞分裂而来的第五层的 4 个细胞进一步发展而成子叶。

胚发育过程中随着胚的增大，细胞数的增加，呼吸强度亦随之增强。在胚的分化发育过程中，每个胚的 RNA、DNA 含量在胚发育前期增长迅速，至中后期保持稳定，蛋白质的合成也一直延续到成熟，一般在胚发育早期氧化酶活性较高，从部位来说，一般在细胞分裂旺盛的部位，没有分化的分生细胞区内氧化酶类和磷酸酯酶分布较显著。其他还伴随着淀粉、蛋白质、脂类等大分子贮藏物的变化。

（2）种子和果实成熟生理

种子与果实成熟过程：在烟草植株受精后，受精卵发育形成胚，中央细胞发育形成胚乳，胚珠发育成种子，子房发育成果皮，于是形成了果实。根据烟草蒴果的颜色，可将烟草种子的成熟过程分为白熟期、绿熟期、黄熟期、褐熟期、完熟期、枯熟期。从烟花开放到果实成熟整个过程需要 25 ~ 32 d，因此，烟草种子采收主要应以花序上的半数以上蒴果呈褐色，其余蒴果也开始转褐为适期。烟草蒴果呈卵圆形，上端稍尖，略近圆锥形，成熟时沿愈合线及腹缝线开裂。花萼缩存包在果实外方，与果实等长或略短。子房二室，内含 2 000 ~ 4 000 粒种子。胎座肥厚，果实成熟时，胚座干枯。烟草种子很小，形态不一，由种皮、胚乳和胚三个部分组成。种皮较薄，发芽孔不明显，种脐略突出。种皮由外向内共有四层：胶质透明层、木质厚壁细胞层、薄壁细胞层、糊粉层。烟草种子胚乳为核型胚乳。后期形成细胞壁。胚乳不发达，由 2～4 层多角形细胞组成，在种子上下两端处，细胞层数较少，在腹面较多。细胞内含有蛋白质结晶、油脂及少量糖类。圆柱形胚根指向种脐一侧，中柱原、皮层原和根被表皮原及根冠有明显区别，子叶两片，贴合在胚轴上。两片子叶之间无明显胚芽分化。在根尖及胚芽生长点范围内，细胞富含原生质，而缺乏内含物，在胚的其他部分，细胞中含有大量的油滴及蛋白质结晶，胚乳细胞也含有大量的油滴及蛋白质结晶，两者的构造相同，但蛋白质结晶颗粒比较大。

种子成熟生理生化的变化：种子的成熟过程实质上就是从胚珠发育成为种子以及营养物质在种子中累积和变化的过程。在成熟期间，植株内的养料呈溶解状态流向种子，然后到种子内部积累，随后这些养料逐渐转变成为非溶解状态的干物质，这些物质主要是高分子的淀粉、蛋白质和脂肪，同时水分的含量逐渐减少，种子成熟期间的生物化学变化主要是合成作用。种子成熟后就进入生理上不活跃的休眠状态，以便度过不良的外环境条件。

种子在成熟过程中主要是有机物质的变化，伴随这种变化的其他生理生化变化是：①呼吸速率的变化，即在干物质积累迅速时，呼吸速率高，干物质积累缓慢（种子接近成熟）时呼吸速率就逐渐减弱，同时种子中水分逐渐减少，种子的生命活动转入休眠状态。②植物激素的变化，首先是出现细胞分裂素，它调节籽粒建成的细胞分裂过程，其次是赤霉素与生长素，它调节有机物质向籽粒运输与积累的过程，最后是脱落酸，它可能与控制籽粒的休眠过程有一些关系。

（3）环境条件对种子成熟及化学成分的影响

光照直接影响种子内有机物质的积累，光照强，同化产物多，种子产量高，碳水化合物、脂肪及蛋白质积累多。温度主要影响有机物的运输与转化，温度过高，脂肪含量低，蛋白质含量高，温度低则相反。适宜的温度有利于各种物质的积累，促进种子成熟。在多雨的地区，种子成熟会延迟，而干旱地区则会影响物质的运输，并降低合成酶的活性，增高水解酶活性，减少干物质的积累。营养条件对种子的化学成分也有很大的影响，氮肥能提高蛋白质含量，钾肥能促进糖类物质的运输和增加淀粉含量，磷肥对脂肪的形成有良好的作用，总之，在适宜的氮肥条件下，增加磷钾肥有利于种子成熟，并能提高种子的质量。

（二）烟草的衰老

烟草及其他植物在完成个体发育后，整个机体就开始走向衰老。植物的衰老就是指终止一个器官或整个植株生命功能的自然衰退过程。

1. 烟草衰老的过程

烟草衰老是个渐变过程，并且从外部的形态到内部的代谢均可表现出来，烟草衰老最基本的特征就是生活力下降，在生理上表现为促进生长延缓衰老的激素体系受到抑制，而加速成熟和衰老的激素体系得到促进；在代谢上表现为合成代谢逐渐降低，而分解代谢逐渐加强，并且有大量分解产物向外运输；处于衰老阶段的植株对逆境抵抗与适应的能力逐渐减弱；在外观上，叶片与果实褪绿，器官脱落增多，最后导致整株死亡。

2. 烟草衰老时的生理生化变化

（1）细胞结构变化

烟草衰老时，细胞在结构上明显衰退，其中大部分有膜的亚细胞单位破裂。核糖体急剧减少，粗内质网数量减少，线粒体内的变化最先是出现扭曲，进而消失或收缩。叶绿体膨胀，其类囊体解体，基粒中嗜锇颗粒积累起来，继之其外膜破裂，光合电子传递和伴随的光合磷酸化发生变化。细胞衰老时，膜结构被破坏，导致细胞的透性增大。

（2）光合作用及呼吸作用的变化

叶片衰老时光合作用速率降低，叶绿素含量也随之下降，至最后叶绿素完全降解而消失。呼吸作用速率也随之下降，但是下降速率比光合作用慢。

（3）核酸的变化

叶片衰老时 RNA 总量下降，下降速度与蛋白质相一致，各种核酸中 rRNA 的减少最显著。DNA 也下降，但速度较 RNA 小。如烟草叶片衰老时三天内 RNA 下降 16%，但 DNA 只减少 3%，虽然 RNA 总量减少，但某些 RNA 的合成仍在进行。

（4）碳水化合物及含氮化合物的变化

烟草衰老时碳水化合物逐渐变成可溶性糖类，淀粉含量下降。蛋白质分解，伴随有游离氨基酸的积累，另外也有强烈的脱氨作用，而蛋白质的分解是蛋白酶引起的，在研究蛋白酶活性时，并未发现衰老叶片中此酶活性增加，因此，表明蛋白质在衰老叶片中是合成能力降低，合成蛋白质的氨基酸输出到别的部位，烟叶中 α-氨基酸随成熟度的提高而减少，到衰老时，α-氨基酸含量又急剧增加。

通常认为，烟叶中烟碱含量总是随着烟株的成熟而增加，在生理成熟时达到最高值，而随着烟叶的衰老烟碱开始下降。就白肋烟而言，一旦成熟，尼古丁含量在烟株的较高部位含量最大；早采收的，下部叶中含量最大；较晚采收的，中部烟叶含量最大；而最晚采收的，尼古丁含量是在烟株顶部最大。

烟叶在衰老时，总脂、总脂肪酸和大多数极性脂在衰老中随叶绿素含量变化而变化，一般在播种 12 周后，烟叶就进入衰老期，总脂肪酸含量下降。其他的极性脂，如单半乳糖甘油二酯（MGDG），双半乳糖甘油二酯（DGDG）和硫代异鼠李糖甘油二酯（SQDG），在 10～12 周后含量都急剧下降，磷脂类物质也是如此。

（5）酶类

随着叶片的衰老，其超氧物歧化酶（SOD）、过氧化氢酶（CAT）活性明显下降，细胞膜脂过氧作用加剧，R.S. Dhindsa 以品种威斯康星 38 为材料进行实验，发现当烟株生长到 4 个月时，下部叶明显衰老，SOD 及 CAT 活性下降，膜脂过氧化产物丙二醛（MDA）含量剧增，表明膜系统损伤，其膜透性增加。

3. 烟草衰老的机理与调节

（1）机理

第一种观点认为，植物衰老是因为植株将营养器官中大量营养物质输入生殖器官，这样促使营养器官的衰老。第二种观点认为，植物衰老与核酸有关，Orgel 等人认为植物衰老是由于分子基因器在蛋白质合成过程中引起差误积累所造成的。这种差误是由于 DNA 的裂痕或缺损，或由于氨基酸排列错误导致无功能蛋白的形成，Gershon 则发现多肽链折叠错误的蛋白酶会造成代谢紊乱，启动衰老、死亡。第三种观点认为，植物衰老与自由基有关，自由基主要产生于细胞壁、细胞核、叶绿体和线粒体等部位，自由基能使核酸、蛋白质及脂类产生损伤，因其氧化能力极强，严重地损伤细胞，加速植物衰老的进程。第四种观点认为，植物衰老与植物激素密切相关，脱落酸（ABA）和乙烯（ETH）具有促进植物衰老的效应。

（2）调节

对烟草等植物衰老的调节是一个相当复杂的问题，植物在生长过程中时刻受温、光、水、气、肥等因素的影响，对植物衰老起作用的内外因子同时存在、交叉重叠、共同影响，调节和控制植株的衰老。

在环境条件中，温度的变化，如高温和低温均能诱发自由基的产生，导致膜相变从而加速植物衰老。光是调控植物衰老的重要因子，光下延迟衰老，暗中加速衰老。高浓度的 O_2 可加速自由基形成，引起衰老，而 CO_2 对衰老具有一定的抑制作用。在水分胁迫条件下，能促进 ETH 及 ABA 的形成，加速衰老；施用氮、钙等能延缓植物的衰老。

植物激素对衰老的调控起着重要的作用。许多试验表明，细胞分裂素（CTK）能够延迟叶片的衰老，T. Skokut 等认为，在用 CTK 处理的组织中，叶绿素及叶绿体超微结构的保持，是由于与衰老有关的降解酶受到了抑制。而 ETH 和 ABA 能促进衰老。有人发现，落黄快的烟草品种，在烟株发育的烟苗期就能产生较多的乙烯，烟叶的"成熟"是乙烯的典型反应，衰老是各类植物体内激素平衡而产生作用的结果，人为地利用外源激素处理植物，并配合改变生长的环境条件均可达到调控植株衰老的目的。从经济角度来看，为了缩短生长周期和提高土壤利用率，烟草研究者仍在不断探索如何运用各种科学方法来使烟叶达到质量好、产量高和生长期短的目标。

第二章 烟草根茎部病害与土壤环境因子的关系

第一节 烟草根茎部发生的主要病害

一、烟草真菌性病害

（一）烟草黑胫病

1. 概述

烟草黑胫病是由烟草疫霉（异名：寄生疫霉）引起的土传菌物病害，是影响许多国家烟草生产的最重要的病害。其病原菌在燕麦琼脂培养基上菌落呈白色，气生菌丝发达，菌丝无隔透明，孢子囊顶生或侧生，呈梨形或椭圆形，有乳突。病菌在烟草的整个生育期都可为害，但主要在大田期发生，苗床期发生较少，高温高湿有利于发病，主要危害烟株的根和茎基部。烟草茎部受侵染，首先在茎基部形成凹陷的黑斑，而后黑斑逐渐纵向和横向扩展，叶片自下而上逐渐枯萎。在一般情况下，病菌很少对叶片造成伤害，但是在多雨季节，雨点飞溅，病菌随雨水传播到下部叶片也会引起叶部侵染。

2. 症状

苗期症状：一般发病较少。幼苗发病时首先在近土表的茎基部出现暗褐色至黑色的病斑，或底叶受到侵染再沿叶柄扩展到茎上，常引起"猝倒"症状。与烟草猝倒病引起的猝倒不同的是：苗床期烟草黑胫病病苗的部分或全部根系受侵染腐烂变黑，而烟草猝倒病发病前期、中期根系较少受到侵染。

旺长期症状：病菌主要侵染根系和茎的地下部分。发病时首先看到的症状是植株叶片突然萎蔫下垂，几天后叶片变黄枯萎。在病害早期拔起病株检查，部分侧根变黑腐烂死亡，但一般在茎上无病斑或症状不明显。随着病害的发展，大部分或全部根系和茎基部变黑腐烂，引起整株死亡。

成株期症状：首先在茎基部出现黑色凹陷病斑，下部个别叶片凋萎，特别是在中午更为明显。随着病斑迅速纵向和横向扩展，叶片自下向上变黄凋萎，悬挂在茎上，烟农形象地称之为"穿大褂"。当病斑扩展到烟茎的 1/3 以上时，病株基本死亡。纵剖病茎，可以看到髓部干缩成褐色碟片状，碟片之间有稀疏的白色菌丝，这是烟草黑胫病区别其他根茎病害的主要特征。

叶部症状：一般情况下，病菌在叶片上较少造成危害，但若生长季节多雨，雨点飞溅，将土表或茎基部病斑上的孢子传播到下部叶片上，可能引起叶片侵染，形成圆形大病斑，群众称为"黑膏药"。病斑初为水渍状，颜色为暗绿色，随后病斑迅速扩大，中心变为淡黄褐色坏死，边缘有淡黄绿色带围绕，常有水渍状淡绿相间的轮纹。病斑直径可达 5 cm 以上，其大小是任何叶斑病的病斑不可比的。

"腰烂"症状：孢子由雨水飞溅落到枝杈或采收造成的伤口上，导致茎中部受侵染；或叶斑沿主脉扩展到茎上引起茎部发病形成茎斑，病斑同时纵向及横向扩展，严重时引起腰折，故称之为"腰烂"。

无论是茎斑还是叶斑，在高湿条件下，病斑表面均可产生一层稀疏的白色菌丝，这是该病区别于其他叶斑病和根茎病的主要特征之一。

3. 病原菌

烟草黑胫病病菌属鞭毛菌亚门，卵菌纲，霜霉目，疫霉菌属，是半水生的兼腐生真菌，喜高温高湿条件。

4. 发病规律

病害侵染循环：烟草黑胫病菌主要以休眠菌丝体和厚垣孢子在病株残体、土壤、粪肥中越冬，在旱地中一般可以存活 3 年以上，而在烟稻连作的烟田中，因为病组织在淹水的条件下迅速腐烂，一般情况下存活不超过一年。

大田初侵染源主要是病土、被病菌污染的土杂肥，其次是带病烟苗和流经病田的灌溉水或雨水。在温暖潮湿的条件下，3 ~ 4 d 内越冬的厚垣孢子发育成新的孢子囊或游动孢子,很快在田间积累大量的接种体,并迅速传播蔓延,导致黑胫病流行。

5. 流行条件

烟草黑胫病的流行与否取决于病菌数量和致病性强弱,以及烟草抗病程度和环境条件。

在环境条件中影响黑胫病流行与否的决定因素是降雨,其次是温度,土壤类型和耕作制度等。

在温度适宜的条件下,多雨高湿有利于病害的发生和流行。土壤中保持自由水或流动水,有助于游动孢子在根系移动和侵染,而地表水有助于病菌在株间和较大范围内传播。

温度主要影响发病的早晚。烟草黑胫病是一种高温型病害,平均气温低于 20℃时基本不发病,气温在 22℃以上时田间才陆续出现症状。

土壤、地势、排灌能力、耕作方法等对发病有一定的影响。一般情况下,地势低洼、排水差、土壤黏重的地块发病重。多年连作可使抗病品种抗性下降,并可能严重感病,不合理的间作、套作、轮作均有利于发病。

(二)烟草根黑腐病

1. 概述

烟草根黑腐病是由基生根串珠霉菌引起的真菌性土传病害,能够侵染多种作物,是许多作物的根部病害,特征是宿主根部的不同部位出现坏死病变。该病主要危害烟草根系,在烟草整个生育期均可发生,中温高湿更容易导致发病,田间常与烟草黑胫病混合侵染,加重对烟草的危害。苗期被病菌侵染,较小的幼苗会出现"猝倒"症状,较大的幼苗可在主根系观察到黑斑,而根尖和小根系会变黑腐烂,随着病菌扩展,茎基部会变成黑色;大田期被侵染,烟株生长缓慢,烟株矮化严重,叶部会自下而上的变黄枯萎,阴冷多雨天气会加重病情的发展,当温度升高一些,发病较轻的烟株会长出新根恢复正常生长。大田期该病害很少整田发病,多为零星发病。

1884 年,美国的 Killebrew 首次报道该病害,但当时并未说明是由真菌引起,直到 1904 年美国的 Seby 才对该病害的症状、病原等做了详细的报道，此后世界各产烟区均报道了该病害的发生，该病已成为主要烟草根茎部病害之一。2010—2014年，我国烟草有害生物调查发现受烟草根黑腐病危害的省市主要有云南、甘肃、贵州、重庆和河南。窦彦霞等根据形态变异及rDNA-ITS序列分析将我国烟草根黑腐病菌划分为6个群，其中群Ⅰ、Ⅱ、Ⅲ为野生型，群Ⅳ、Ⅴ为白色变异型，Ⅵ为不同于其他各群的新群。

2. 症状

苗期症状：幼苗很小时，病菌从土表茎部侵入，病斑环绕茎部，向上侵入子叶，向下侵入根系，使整株腐烂呈"猝倒"症状。较大幼苗感病后，根尖和新生的小根系变黑腐烂，大根系呈现黑斑，病部粗糙，严重时腐烂，拔出幼苗时大部分根系断在土壤中，仅见到变黑的茎基部和少数短而粗的黑根与主茎相连。感病后幼苗生长不均匀，发病重的植株严重矮化，叶子变浅绿色至黄色，病株一般不死，有时在根系的侵染部位以上产生不定根，新根仍可被侵染，发病苗床的烟苗长势和叶色都不均匀。

大田症状：移栽到大田的病苗或大田被侵染的烟苗，生长缓慢，遇到低温、潮湿天气时病情加重。重病株大部分根系变黑腐烂，植株严重矮化，中下部叶片变黄、枯萎、易早花。轻病株生长高度正常，但中午气温高时，因根系被破坏而供水不足，植株呈萎蔫状，夜间和清晨可恢复正常。天气转暖植株抗病性增强，一些烟株长出新根后恢复正常生长。此病在田间极少整田发病，多为零星或局部发病。

3. 病原菌

烟草根黑腐病菌为基生根串珠霉菌，属半知菌亚门，丝孢纲，丝孢目，根串珠霉属。菌丝初为白色，而后变成棕褐色，菌丝顶端产生内生分生孢子。分生孢子单胞，无色，杆状；厚垣孢子单生或簇生，多细胞，是由1～3个无色透明的基部细胞以及4～5个褐色细胞组成。

4. 发病规律

病害循环：烟草根黑腐病菌主要以在土壤中、病残体及粪肥中越冬后的厚垣孢子和内生分生孢子为初侵染源。厚垣孢子和内生分生孢子开始以侵染烟草的侧根为主，继而进入细胞内及木质部在内的全部根组织，形成病斑，并产生内生分生孢子和厚垣孢子，在土壤中长期存活并广泛传播。

5. 发病条件

温度：一般烟草根黑腐病菌生长适温为 17 ~ 23℃，15℃以下很少发病，26℃以上发病程度逐渐减轻。

土壤 pH：土壤 pH 对病害的控制具有关键作用。当 pH 在 6.4 以上呈微酸性或碱性时，根黑腐病很容易发生蔓延；而土壤 pH 为 5.6 或更低时，则很少发病或不发病。

土壤湿度：当土壤湿度大时，尤其是接近饱和时，易于发病。而高湿会降低土壤温度，低温多雨是该病严重发生的主要气候因素。

二、烟草细菌性病害

（一）烟草青枯病

1. 概述

烟草青枯病是由茄科雷尔氏菌引起的土传细菌性病害，该细菌是一种革兰氏阴性菌，属原核生物界，变形菌门，β- 变形菌纲，伯克氏菌科，雷尔氏菌属。烟草青枯病的寄主范围广，致死率高，在世界范围内广泛分布，严重影响烟草的产量和品质。病原菌为杆状，两端钝圆，有鞭毛，无芽孢及荚膜。该病主要危害大田处于旺长期和成熟期的烟株，高温高湿有利于发病。青枯病是全株系统性维管束病害，根部是病原主要的侵入部位。发病初期，有一两片烟叶萎蔫，但仍为青色，故称"青枯病"。这种萎蔫遇阴雨天或到了傍晚后可恢复正常，往往被人们忽视；发病中期，烟株常表现为一侧萎蔫另一侧正常，这是青枯病不同于其他的根茎部病害的症状之一；到发病后期，烟株全部萎蔫，根部和茎和木质部全部变黑腐烂，髓部呈蜂窝状或全部腐烂，与烟草空茎病全部中空的症状不同，烟草青枯病只有茎基部形成中空。

1864 年，在印度尼西亚首次发现烟草青枯病的危害，1880 年，在美国的北卡罗莱纳州格兰维尔县再次发现该病害，1940 年以后，烟草青枯病逐渐演变为许多种烟国家烟草上的重要病害。2010—2014 年，我国烟草有害生物调查发现，受青枯病危害较重的省市主要有贵州、重庆、江西、安徽、广西、广东和湖北。2005 年，由 Fegan 和 Prior 提出青枯菌最新的分类系统，基于 ITS 序列和内切葡聚糖酶 egI 基因、hrpB 和 mutS 基因，然后根据它们的地理来源，分为亚洲、美洲、非洲和印度尼西亚四种系统发育型。2014 年，依据 DNA–DNA 杂交分析法，正式将青枯菌分为 *R.solanacearum*（青枯雷尔氏菌，即系统型 Ⅱ 菌株），*R.syzygii*（蒲桃罗尔斯通氏菌，系统型 Ⅳ），*R.pseudosolanacearum*（假青枯雷尔氏菌，系统型 Ⅰ 和 Ⅲ）三个种。在新的分类系统中，我国烟草青枯病菌为假茄科雷尔氏菌，目前国内已报道的烟草青枯病菌有 13、14、15、17、34、44、54 和 55 等 8 个序列变种，除了 55 这个序列变种，其它 7 个序列变种在广西都已有报道，进一步说明广西烟草青枯病菌的遗传多样性。

2. 症状

烟草青枯病是典型的维管束病害，根、茎、叶各部均可受害，最典型的症状是枯萎。病菌多从烟株一侧的根部侵入，当烟株叶片首次出现萎蔫时，拔根检查往往不易察觉，因为此时只有少数根（有时仅一条）被害。发病初期，先是病株一侧有一两片叶子软化萎蔫，但仍为青色，故称为"青枯病"。阴雨天或傍晚后可以恢复，但仅维持 1 ~ 2 d。直到发病中期，烟株一直表现一侧烟叶枯萎，另一侧叶片似乎生长正常，这种半边枯萎的症状可作为与其他根、茎病害的重要区别。此期若将病株连根拔起，可见发病一侧的许多支根变黑腐烂，而叶片正常生长的一侧，其根系大部分还生长正常，若将茎部横切，可见发病一侧的维管束呈黄褐色至黑褐色，用力挤压，可见黄白色的乳状黏液渗出，即为细菌菌脓。随着病情的发展，病害从茎部维管束向外部薄壁组织扩展，细菌大量增殖，暗黄色条斑逐渐变成黑色条斑，可一直延伸到烟株顶部。到发病后期，病株全部叶片萎蔫，根部全部变黑腐烂，髓部呈蜂窝状或全部腐烂，形成中空，但多限于烟株茎基部，这是与全部中空的空茎病的主要区别。

3. 病原菌

烟草青枯病病原为假单胞杆菌属茄假单胞杆菌。

4. 侵染循环

青枯病菌主要在土壤中及病残体上越冬，也能在各种生长着的寄生主体内及根际越冬。青枯病的主要初侵染源是土壤、病残体和肥料中的病原菌。借排灌水、流水、带菌肥料、病苗或附着在幼苗上的病土，以及人畜和生产工具带菌传播。农事操作，如中耕培土、打顶抹杈、采收烟叶及昆虫为害等，均能使病菌传播和侵入同时完成。

5. 流行规律

烟草青枯病发生与流行与否受气候因素、品种抗性、土壤类型及地势、栽培条件、虫害及其他病害等诸多因素的制约，其中气候因素影响最大。

气候因素：烟草青枯病是一种高温高湿型病害，日均温度在 22℃ 以上、烟株根层的土壤湿润时病菌即可侵入，病害流行的温度是 30℃ 以上，最适发病温度是 34℃，湿度为 90% 以上。雨量多，湿度大，病害发展快，危害重。暴风雨或久旱后遇暴风雨或时晴时雨的闷热天气，更有利于病害的发生与流行。

土壤类型及地势：一般情况下，水田栽烟发病较轻，旱土烟发病较重，青枯病菌在旱土可存活十多年。地势高的发病轻，地势低的发病重。

耕作方式：凡是连作或前作为茄科作物的田块发病较重，凡是与禾本科作物轮作的发病均较轻。大面积水旱轮作的防病效果最好，旱地轮作收效一般不理想。

（二）烟草空茎病

1. 概述

烟草空茎病又名烟草空胴病、空腔病，是由胡萝卜软腐欧文氏菌胡萝卜软腐亚种侵染所引起的，发生在烟草上的病害。烟草空茎病在苗床期遇高湿条件即可发生，一般先在接触地面的叶片发病，通过叶片传到茎。叶柄和烟苗茎基部先为水浸状，而后茎基部腐烂开裂，腐烂部位变黑。烟草空茎病虽然分布广泛，但一般仅在局部地区造成严重危害。其危害主要发生于大田生育后期，即成熟期，出现于打顶抹杈的前后。根据浙江省产烟区的调查，该病在部分晒红烟产区较为严重。发病高峰期一般田块发病株率可达 3% ~ 6%，严重田块达 10% 以上。在香料烟产区烟草空茎病危害较轻，发病盛期的田间病株率一般不超过 1% ~ 3%。因此，烟草空茎病在部分烟区可以成为影响烟叶生产的一个重要病害。

2. 症状

烟草空茎病在苗床期遇高湿条件即可发生，表现黑脚症状。一般先在接触地面的叶片发病，通过叶片传到茎，叶柄和烟苗茎基部腐烂开裂，腐烂部位变黑。在苗床上常常成片发生。

烟草空茎病在大田期一般发生于成熟期，盛发于打顶和抹杈前后。发病早的烟株在打顶前即可发现。通常在大雨后积水的烟田可见个别烟株基部先变黑腐烂，然后沿茎髓部向上蔓延。之后，病菌可从茎上任何伤口部位开始发生，最常见的发病过程是从打顶造成的伤口侵染髓部，由髓部向下蔓延，使整个髓部迅速变成褐色，而后呈水渍状软腐，髓部组织完全崩解成黏滑状物，并很快失水而干枯消失，使茎内部中空而呈空茎症状，茎外部的一段或大部分变黑褐色。与此同时，中上部叶片凋萎，叶肉部分失绿而后迅速出现大片褐色斑，进而叶肉组织腐烂仅留叶脉。病株叶片陆续脱落，常只留下烟株光杆。病株髓部腐烂后常伴有臭味。

3. 病原菌

烟草空茎病原为欧氏杆菌属胡萝卜软腐欧氏菌胡萝卜软腐亚种。

4. 侵染循环

烟草空茎病菌在病残组织和病株及其他寄主植物的根周围土壤中腐生越冬，主要通过雨水和灌溉水扩散。烟草空茎病菌由伤口侵入寄主，打顶、抹杈和打老叶等农事操作是空茎病田间传播的重要途径，昆虫也有可能传播该病菌。

5. 流行规律

烟草空茎病主要发生于烟草大田生育期的成熟阶段。如果降雨多，在打顶之前开始发病。一般在打顶后进入发病高峰。

影响烟草空茎病流行的主要原因是降雨量和连续降雨的时间，降雨量多，降雨集中，烟田淹水，则发病早且病害严重。

土壤温度在 21 ~ 35℃，最适宜该病的发生。

土壤含水量对空茎病的发生有明显的影响。凡是地下水位高、排水不良的烟田，空茎病发生早且严重。前作是萝卜、白菜等十字花科作物的烟田，发生严重。打顶、抹杈、采收等农事操作造成大量的伤口是烟草空茎病发生的重要诱因，特别是雨天打顶和抹杈的烟田发病严重。

第二节　烟草根茎病害发生与土壤环境因子关系的分析

环境因子可分为气候因子、土壤因子和地形因子等。各因子之间的关系错综复杂，相互作用。由于土壤环境因子对植物根系的生长具有显著影响，因此，本节仅从土壤环境因子着手，对其与根茎病害发生的关系进行分析。为此，笔者通过调查 Y 地核心烟区青枯病和黑胫病发生情况，收集发病与健康烟株根系以及相关土壤样本，通过相关技术，研究发病与健康烟株"非根际—根际—根内"微生物群落变化特征，分析病害发生与病原菌数量以及根系微域环境因子特征改变之间的关系，厘清导致植株发病的土壤环境因子，初步筛选出与病害发生密切相关的微生物菌群，以期为今后开展生防菌筛选与应用提供必要的理论支撑。

一、土壤环境因子的相关概念

（一）土壤微生态

土壤是一个特别容易受微生物影响的生态体系，土壤微生物群落结构中存在着紧密又复杂的相互作用关系，影响着土传病害的发生。而根际土壤作为距离植物最近的土壤，其与作物的相互影响远高于非根际土壤。

1. 根际土壤与非根际土壤

根际的概念，是 Hiltner 于 1904 年阐述豆科植物与微生物之间的关系时首次提出的，根际是一个微型的生态体系，一般认为它的范围在根周围数毫米至 2 cm。Lynch 认为根际是研究植物、土壤、微生物之间相互关系的重要生态领域，Ma 等认为植物根周围的环境是一个复杂的动态过程，其形成和变化受到诸多因素影响。

人们发现土壤中微生物数量和胞外酶活性总体呈现出根际高于非根际的规律，且土壤有效养分在根际存在一定的富集，使得该区域的微生物非常活跃。王贺祥认为，根际土壤微生物是植物的第二基因组。根际微生物对土传病害的防治、微生态环境改善、矿质元素代谢、土壤肥力保持和植物生长发育调节等方面都发挥着重要作用。同时，植物可以通过根系分泌物、挥发性有机物、根冠边缘细胞等主动调节自身的生存环境，诱导微生物在根际及根内定殖。

2. 土传病害发生对土壤微生态的影响

病原体的侵入会使土壤微生物群落产生一定响应，植物自身产生的根系分泌物等也会招引一定微生物在根际和根内定殖，通过激活自身诱导的系统抗性以抵御病原菌的侵入。研究表明，变形菌门、绿弯菌门和酸杆菌门是植烟土壤细菌群落的三大优势菌门，因细菌易受土壤环境影响，在属水平上，健康植烟土壤中的优势菌属因地区不同而有不同表现。总体来看，健康土壤中有益菌的相对丰度往往要高于发病土壤，以往的研究发现，芽单胞菌属和鞘氨醇单胞菌属在患有烟草根结线虫病、黑胫病、根腐病地块的健康植株根际富集，其中鞘氨醇单胞菌属还会在患有烟草青枯病地块的健康植株根际富集。

（二）植物内生菌

植物内生菌是指植物生活史的一定阶段或全部阶段定殖于植物器官、组织内部以及细胞间隙的微生物，分为内共生微生物和病原微生物。植物体内普遍存在着内生菌，由于其生活在没有外在感染症状的健康植物组织内部，因此，植物内生菌的存在和作用长期以来未被发现。直到1992年，McInroy等首次提出了"植物内生菌"的概念，认为植物内生菌是指能够定殖细胞间隙或细胞内，并与寄主植物建立和谐联合关系的一类微生物。近年来，随着研究领域的不断拓宽和研究方法的不断深入，植物内生菌因其重要的生态和生理作用，可以作为潜在生防资源，已逐渐成为国内外研究的热点。

植物内生菌主要有两种传播途径：一是水平传播途径，外界微生物从植物侧根的裂缝中进入到宿主植物，或者通过破坏植物细胞壁的纤维素，进入宿主植物，并经过长期的协同进化，与植物建立和谐的共生关系，成为内生菌；二是垂直传播途径，同种植物通过种子传播给下一代。

植物内生菌是一个庞大的微生物类群，其种类繁多，分布于不同寄主植物的不同部位，因此，能产生多种不同的代谢产物，具有促进宿主植物的生长、溶磷解钾、固氮、植物激素促生、抗逆和促进宿主植物次生代谢产物的产生等功能。

根系内生菌寄居在植物根系组织内，与植物的相互依赖性更为突出。有研究表明，根系内生菌大多数不会对植物本身造成明显的危害，植物中广泛分布的内生细菌菌群有：土壤杆菌属、芽孢杆菌属、肠杆菌属、克雷伯氏菌属、甲基杆菌属、泛菌属等，由于植物内生菌可以从土壤通过根系组织或伤口进入根内定殖，根系内生菌的数量及多样性往往要高于茎、叶等其他部位。根系内生菌通过抗菌、竞争排斥、诱导宿主自身的系统免疫等方式对土传病害进行生物防治，烟草根系内生菌中的芽孢杆菌属和假单胞菌属等具有群体淬灭活性能力，使得病原菌的毒力基因受到抑制，进而达到土传病害防治效果。

二、烟草根茎病害发生与土壤环境因子关系的实验测定

（一）试验设计

以健康烟株（标记为 H，$n=9$）为对照，以发病烟株（标记为 D，$n=17$）为研究对象，共计 2 个处理；每个处理采集非根际土（nrh）、根际土（rh）、烟株根系（r）3 类样本，2 个处理共计 6 类。处理信息如表 2-1 所示。

表 2-1　处理信息

处理代号	处理名称	样本数量 / 个
nrh-D	发病烟株的非根际土	17
nrh-H	健康烟株的非根际土	9
rh-D	发病烟株的根际土	17
rh-H	健康烟株的根际土	9
r-D	发病烟株的根	17
r-H	健康烟株的根	9

选取发病（D）和健康（H）烟株进行取样，每株的各类样本（非根际土、根际土、根系）各取一份，样本采集方法如下。

非根际土（nrh）：去除表面土壤，取垄上 5～20 cm，距离烟株 20 cm 的土壤用于 DNA 的提取、扩增、测序。

根际土（rh）：将烟株拔出，抖落大块土，采集根系附着外围土用于

土壤性质测定，截取距根基 5 ~ 20 cm 的根系，取紧贴根表的土壤用于 DNA 的提取、扩增、测序。

根系（r）：将截取的根转移到含有 1×PBS 的试管中振荡 5 min 后，取出根，用无菌水冲洗干净，用 75% 乙醇表面消毒 30 s，1% 次氯酸钠表面消毒 30 s，再用 75% 乙醇表面消毒 30 s，然后用无菌水冲洗 5 次。

测定土壤性质的根际土经自然干燥风干、去除土壤杂质、研磨过筛后置于 4℃冰箱中保存待测，其余样本经处理后置于 –80℃超低温冰箱中保存待测。取样烟株信息如表 2–2 所示。

表 2–2　取样烟株信息

样本类别	样本代号	样本发病情况	取样地点
健康烟株（H）	H–CJ1–1	健康	（CJ1）
	H–CJ1–2	健康	
	H–CJ1–3	健康	
	H–CJ2–1	健康	（CJ2）
	H–CJ2–2	健康	
	H–CJ2–3	健康	
	H–YR–1	健康	
	H–YR–2	健康	
	H–YR–3	健康	（YR）
发病烟株（D）	D–CJ1–1	青枯病 3 级、黑胫病 5 级	（CJ1）
	D–CJ1–2	青枯病 3 级	
	D–CJ1–3	青枯病 3 级	
	D–CJ1–4	青枯病 5 级	
	D–CJ1–5	青枯病 5 级	
	D–CJ1–6	青枯病 5 级	
	D–CJ2–1	青枯病 5 级	（CJ2）
	D–CJ2–2	青枯病 3 级、黑胫病 5 级	
	D–CJ2–3	青枯病 5 级	
	D–CJ2–4	青枯病 5 级、黑胫病 5 级	
	D–CJ2–5	青枯病 5 级	
	D–CJ2–6	青枯病 5 级	
	D–YR–1	青枯病 3 级	
	D–YR–2	青枯病 5 级	
	D–YR–3	青枯病 5 级	
	D–YR–4	青枯病 5 级	
	D–YR–5	青枯病 5 级、黑胫病 3 级	（YR）

取样地块信息如下：CJ1、CJ2、YR。其中 CJ1 位于海拔 1 739 m，土壤类型为红壤，烤烟品种 KRK26，两年连作，青枯病发病率 45.6%，黑胫病发病率 10.0%，于移栽后 61 d 进行取样，取样时间 2022 年 7 月 1 日；CJ2 位于海拔 1 740 m，土壤类型为红壤，烤烟品种 KRK26，两年连作，青枯病发病率 12.3%，黑胫病发病率 4.7%，于移栽后 75 d 进行取样，取样时间 2022 年 7 月 15 日；YR 位于海拔 1 733 m，土壤类型为紫色土，烤烟品种为 K326，三年连作，青枯病发病率 16.7%，黑胫病发病率 3.3%，于移栽后 66 d 进行取样，取样时间 2022 年 7 月 6 日。三个地块前茬作物均为豌豆，均施用常规化肥。

（二）测定项目和方法

1. 土壤及根系病原菌数量的测定

（1）引物选择

烟草青枯病菌 fliC 基因特异性引物（GenBank 登录号 LC102464）如下。

Sf1：5–AATCCAACAACGGCGGTCT–3'；

Sr1：5'–TCAGAAGCGTAGTCGGTATCG–3'，扩增片段长度为 424 bp。

烟草黑胫病菌 parA1 基因特异性引物如下。

Pf1：5'–CATTGAGTAGCCAGAGTCCGTC–3'；

Pr1：5'–CCACCACGCAGCAAACTGCGGC–3'，扩增片段长度为 110 bp。

（2）DNA 抽提

土壤样本称重 180 mg，使用土壤 DNA 试剂盒（D5625 Omega）进行 DNA 提取，最后加 50 μL 洗脱液洗脱，收集到 40 μL DNA。根系样本称重 350 mg，使用柱式植物基因组 DNA 抽提试剂盒（B518261 Ezup）进行 DNA 提取，最后加 70 μL 洗脱液洗脱，收集到 60 μL DNA。青枯雷尔氏菌平板由课题组提供，挑取菌体沉淀称重 135 mg，使用柱式细菌基因组 DNA 抽提试剂盒（B518255 Ezup）进行 DNA 的抽取，最后加 70 μL 洗脱液洗脱，收集到 60 μL DNA。烟草疫霉平板由西南生物多样性实验室提供，挑取菌体沉淀称重 135 mg，使用柱式真菌基因组 DNA 抽提试剂盒（B518261 Ezup）进行 DNA 提取，最后加 70 μL 洗脱液洗脱，收集到 60 μL DNA。

（3）标准样及建立标准曲线

使用柱式质粒 DNA 小量抽提试剂盒（B518191 SanPrep）提取质粒，构建好的质粒经测序鉴定无误后，10 倍梯度稀释构建好的各质粒，90 μL 稀释液 +10 μL 质粒，通过预实验选取合适标准品用于制备标准曲线。以上试剂盒均由生工生物工程（上海）股份有限公司提供。

（4）病原菌数量检测

测定每个样本中烟草青枯雷尔氏菌与烟草疫霉的 Cr 值，根据标准曲线、样本称重数、DNA 提取数、稀释倍数计算样本的青枯雷尔氏菌与烟草疫霉拷贝数。

2. 土壤及根系细菌的测定

（1）样本的基因组 DNA 提取

使用 PowerSoil DNA 提取试剂盒，从 1.0 g 土壤和 0.5 g 根系样本中分离微生物基因组 DNA；用紫外分光光度计测定分离的 DNA 浓度；用 0.8% 琼脂糖凝胶电泳测定其分子量。将 DNA 保存在 −20℃ 以下进行进一步的 PCR 扩增。

（2）PCR 扩增及高通量测序

土壤样本用带有 barcode 的特异引物扩增 16S rDNA 的 V3–V4 区，引物序列为：341F：CCTACGGGNGGCWGCAG；806R：GGACTACHVGGGTATCTAAT，产物长度为 466。根系样本用带有 barcode 的特异引物扩增 16S rDNA 的 V5–V7 区，引物序列为：799F：AACMGGATTAGATACCCKG；1193R：ACGTCATCCCCACCTTCC，产物长度为 414。然后对 PCR 扩增产物进行切胶回收，用 QuantiFluor 荧光计进行定量。将纯化的扩增产物进行等量混合，连接测序接头，构建测序文库，用 IlluminaPE250 上机测序。

（3）生物信息学分析

测序得到原始数据后，由于 PCR 错误，测序错误会产生大量的低质量数据或者无生物学意义数据（例如嵌合体），首先对低质量数据进行过滤，然后进行组装，将双端数据拼接为标签，再对标签进行过滤，将得到的数据进行聚类，去除聚类比对过程中检测到的嵌合体标签，将得到的数据进行 OTU 丰度统计。在构建 OTUs 的过程中选取代表性序列（OTU 中丰度最高的那条 Tag 序列），将这些代表性序列集合用 RDP Classifier 的 Naive Bayesian assignment 算法，与数据库进行物种注释（设定置信度的阈值为 0.8 ~ 1）。

3. 土壤养分的测定

使用电位法测定土壤 pH（NY/T 1377—2007）；重铬酸钾 - 硫酸外加热法测定土壤有机质（NY/T 1121.6—2006）；碱解扩散法测定土壤碱解氮（DB51/T 1875—2014）；钼锑抗比色法测定土壤有效磷（NY/T 1121.7—2014）；火焰分光光度计法测定土壤速效钾（NY/T 889—2004）。

4. 土壤酶活的测定

过氧化氢酶活性采用 $KMnO_4$ 滴定法、脲酶活性采用靛酚蓝比色法、蔗糖酶活性采用 3,5- 二硝基水杨酸比色法、酸性磷酸酶活性采用磷酸苯二钠比色法进行测定。所用试剂盒由苏州格锐思生物科技有限公司生产。

（三）数据处理

试验数据采用 Microsoft office 365 进行初步处理与作图，并采用 SPSS 27.0 软件对数据进行统计分析。相对丰度堆叠图和主成分分析采用 R 4.1.3 软件的 ggplot2 工具包完成，热图采用 pheatmap 工具包完成，LEfSe 差异分析在 Galaxy Web 平台完成，共现网络分析通过 Gephi 0.10.1 软件完成。

三、烟草根茎病害发生与土壤环境因子关系的结果分析

（一）根系相关病原菌数量变化分析

采用实时荧光定量 PCR 技术对各类样本的青枯雷尔氏菌和烟草疫霉进行绝对定量分析，各类样本中均检测出有青枯雷尔氏菌和烟草疫霉，结果如表 2-3 所示。发病非根际土与健康非根际土里的两种病原菌数量没有显著差异，发病根际土里的青枯雷尔氏菌和烟草疫霉数量显著高于健康根际土，分别高 7.1 倍和 4.9 倍，而发病根内仅有青枯雷尔氏菌的数量显著高于健康根，高 54.8 倍。随着生态位的移动，从非根际到根际再

到根内，青枯雷尔氏菌数量随之增高，而烟草疫霉数量则先增高后降低。健康根际土壤和根内的青枯雷尔氏菌数量分别是健康非根际土的 7.4 倍和 18.2 倍，发病根际土壤和根内的青枯雷尔氏菌数量分别是发病非根际土的 38.29 倍和 655.2 倍。

表 2-3　根系相关病原菌数量

处理	青枯雷尔氏菌		烟草疫霉	
	平均 ct 值	平均拷贝数	平均 ct 值	平均拷贝数 /(copies·mg^{-1})
nrh–H	34.41	2.14 e	37.67	0.12 c
nrh–D	34.33	3.32 e	33.57	2.11 c
rh–H	31.44	15.77 d	32.64	13.06 b
rh–D	30.16	127.11 b	29.50	76.76 a
h–H	30.15	39.00 c	38.77	0.06 c
h–D	27.30	2 175.33 a	34.25	1.42 c

注：不同小写字母表示不同处理间在 0.05 水平上具有显著差异（$p<0.05$）。

（二）根系相关细菌群落结构变化分析

1. 根系相关细菌门水平结构变化

根据 OTUs 的分类关系，土壤样本共检测出 32 个门，根样本中共检测出 6 个门。非根际土和根际土样本中丰度前十的菌门一致，但各菌门丰度发生了变化。变形菌门和酸杆菌门是土壤样本中的主要优势菌门，二者在土壤中约占总丰度的 40%，而在根样本中变形菌门的丰度超过 80%。其中三类样本中的放线菌门丰度明显低于健康土壤，发病土壤中的放线菌门丰度均低于健康土壤，发病根内厚壁菌门丰度明显高于健康根内。病害发生使烟株根系微域细菌门水平结构发生了变化。

2. 根系相关细菌属水平结构变化

根据 OTUs 的分类关系，土壤样本共检测出 406 个属，根样本中共检测出 69 个属。从非根际土到根际土再到根系，细菌丰度前十的菌属发生了明显变化。发病根际土中，黄杆菌属丰度为 5.26%，高于健康根际土的 3.50%；发病根系内肠杆菌属丰度为 32.22%，低于健康根系的 47.89%；发病根系内根瘤菌目下的 *Allorhizobium*（其他根瘤菌属）- *Neorhizobium*（新根瘤菌属）- *Pararhizobium*（副根瘤菌属）- *Rhizobium*

（根瘤菌属）丰度为 4.81%，低于健康根系的 5.34%；假单胞菌属丰度为 5.74%，高于健康根系的 1.40%；发病根系内金黄杆菌属丰度为 1.54%，高于健康根系的 0.12%；发病根系内肠球菌属丰度为 2.53%，高于健康根系的 0.32%。病害发生使烟株根系微域细菌属水平结构发生了变化。

3. 根系相关细菌 Alpha 多样性变化

各样本的 16S rDNA 扩增子测序的覆盖率均大于 96%，测序结果符合各样本中细菌的实际情况，且测序的长度符合后续分析要求。发病烟株根际土和根系细菌群落的四个 Alpha 多样性指数均高于健康烟株，在非根际土中则无明显区别，根系样本的四个指数明显低于土壤样本。

4. 根系相关细菌 Beta 多样性变化

对各类样本细菌群落 Beta 多样性进行主成分分析，非根际土、根际土、根系内细菌总变异数分别为 52.18%、43.51%、69.45%。发病烟株非根际土、根际土、根系与健康烟株均有部分聚合。在土壤样本中，发病土壤较为聚集，健康土壤则较为离散，而在根系样本中则相反，表明在发病土壤中各样本的细菌群落 Beta 多样性趋于一致，而发病根内细菌群落则更具多样性。

5. 根系相关细菌群落 Tax4Fun 功能预测

通过对各类样本进行细菌群落 Tax4Fun 功能预测发现，在根际土壤样本中，发病土壤细菌群落功能主要与核糖体、RNA 降解、肽聚糖生物合成、氮代谢等有关，而健康根际土壤细菌群落功能主要与卟啉和叶绿素代谢、嘌呤代谢等有关。在根系样本中，发病根系内生细菌群落功能主要与 ABC 转运蛋白、嘌呤代谢、氨酰生物合成、嘧啶代谢、氧化磷酸化、甘氨酸、丝氨酸和苏氨酸代谢、核糖体等有关，而健康根系内生细菌群落功能主要与双组分信号系统、氮代谢、果糖和甘露糖代谢、丙酮酸代谢等有关。综合来看，病害发生主要改变了根际与根系细菌群落的代谢功能。

（三）土壤性质变化分析

1. 土壤养分变化

将三个地块的根际土壤样本进行土壤养分检测，结果如表 2-4 所示。

病害发生对土壤 pH 几乎不产生影响；发病土壤的碱解氮含量较健康土壤降低了 16.2%；而发病土壤的有效磷、速效钾、有机质含量分别较健康土壤提高了 4.1%、54.7%、3.2%，其中病害发生显著提高了土壤速效钾含量。综合来看，典型土传病害的发生会提高植烟土壤速效钾含量，降低碱解氮含量。

表 2-4　土壤化学性质

处理	pH	碱解氮 / (mg · kg⁻¹)	有效磷 / (mg · kg⁻¹)	速效钾 / (mg · kg⁻¹)	有机质 / (g · kg⁻¹)
rh–D	6.44 ± 0.07	125.0 ± 7.2	82.9 ± 9.7	603.2 ± 52.8*	25.6 ± 1.5
rh–H	6.44 ± 0.18	149.1 ± 19.2	79.6 ± 14.3	390.0 ± 57.8	24.8 ± 2.6

注：标记规则：$p \geqslant 0.05$ 无标记，$0.01 < p < 0.05$ 标记：*。下同。

2. 土壤酶活性变化

将三个地块的土壤样本进行土壤酶活检测，结果如表 2-5 所示。发病土壤的酸性磷酸酶活性较之健康土壤提高了 4.3%，过氧化氢酶活性则提高了 5.9%，但均无显著差异；而两种土壤的蔗糖酶活性和脲酶活性均存在显著差异，其中发病土壤的蔗糖酶活性较之健康土壤提高了 11.6%，脲酶活性则降低了 27.3%。综合来看，典型土传病害的发生主要影响植烟土壤蔗糖酶和脲酶活性。

表 2-5　土壤酶活

处理	酸性磷酸酶活性 / (μmol · h⁻¹ · g⁻¹)	蔗糖酶活性 / (μmol · h⁻¹ · g⁻¹)	脲酶活性 / (μmol · d⁻¹ · g⁻¹)	过氧化氢酶活性 / (μmol · h⁻¹ · g⁻¹)
rh–D	776.8 ± 53.37	969.2 ± 24.5*	494.7 ± 54.6	408.7 ± 29.6
rh–H	744.9 ± 95.8	868.3 ± 31.4	680.3 ± 38.2*	385.9 ± 39.5

（四）根系相关微生物与环境因子的相关性

1. 根际土壤差异细菌属与病原菌数量的相关性

将根际土壤差异细菌属分别与根际土壤青枯雷尔氏菌和烟草疫霉进行相关性分析，结果可知，芽单胞菌属与青枯雷尔氏菌呈较强正相关，苔藓杆菌属与链霉菌属则相反，噬几丁质菌与烟草疫霉呈较强正相关，黄色土源菌属、寡养单胞菌属、硝化螺旋菌属、鞘脂杆菌属则相反，但各菌属均与两个病原菌无显著相关性。

2. 根系内生差异细菌属与病原菌数量的相关性

将根系内生差异细菌属分别与根内青枯雷尔氏菌和烟草疫霉数量进行相关性分析，结果可知，丛毛单胞菌属、青枯菌属、金黄杆菌属、代尔夫特菌属、*Anaerocolumna* 属（厌氧柱菌属）均与青枯雷尔氏菌呈显著正相关，黄杆菌属与烟草疫霉呈显著正相关。

3. 根际土壤差异细菌属与土壤性质的相关性

对根际土壤差异细菌属与土壤环境因子进行相关性分析，多数差异细菌属与土壤酶活及速效钾呈现显著相关性，其中酸杆菌门的 RB41 菌属、硝化螺旋菌属、厌氧绳菌属、ADurbBin063-1 属均与速效钾、酸性磷酸酶活性、过氧化氢酶活性呈显著正相关，而鞘脂单胞菌属、嗜几丁质菌属则相反，芽单胞菌属只与速效钾呈显著负相关，黄杆菌属只与脲酶活性呈显著负相关。

4. 根系内生差异细菌属与土壤性质的相关性

通过对根系内生差异细菌属与土壤环境因子进行相关性分析可知，肠杆菌属与土壤速效钾呈显著正相关，莱略特氏菌属与速效钾、酸性磷酸酶活性、过氧化氢酶活性呈显著负相关，肠球菌属与脲酶活性呈显著负相关，芽孢杆菌属与有效磷呈显著正相关，与酸性磷酸酶活性呈显著负相关，气球菌属与有效磷呈显著正相关。

四、烟草根茎病害发生与土壤环境因子关系的结果论述

无论烟株病症表现为单独或混合发病，所有样本均检测出青枯雷尔氏菌和烟草疫霉。病原菌数量并非病害发生的唯一限制性因素，病害发生还受到其他微生态环境因子的显著影响。即便如此，发病烟株根系微域各部分依然表现为病原菌检出量均明显高于健康烟株，其中青枯雷尔氏菌数量从非根际→根际→根系逐步增加，烟草疫霉数量则以根际土壤最多。

土壤及根系内生细菌群落结构对病原菌的入侵产生了一定响应。发病烟株根系微域相关微生物群落结构明显变异，根际和根系细菌群落 Alpha 多样性均高于健康烟株，Beta 多样性则趋于一致。发病根际土壤细菌群落功能表现为促进细菌及病原菌的生长，发病根系内生细菌群落功能则主要表现为促生、抗逆。

发病烟株根系微域的差异细菌和核心细菌发生了明显变化，其中三类样本中的放线菌门丰度明显低于健康烟株，而根内的厚壁菌门则相反。LEfSe 分析显示根际土壤中存在 35 个差异种群，其中发病根际土壤有 15 个，属水平上有 4 个，分别为嗜甲基菌目下的嗜甲基菌属，互营杆菌目下的 *Desulfobacca* 属（脱硫肠状菌属），绿弯菌纲下的绿弯菌属、噬几丁质菌属。健康根际土壤有 20 个，属水平上有 5 个，分别为孢囊杆菌亚目下的普通杆菌属、*Anaerospora* 属（厌氧孢菌属）、假纤细芽胞杆菌属、黏球菌属，嗜皮菌科下的鸟氨酸微菌属。在根系样本中共存在 29 个显著差异物种，其中发病根内有 24 个，属水平上有 10 个，主要有红球菌属、黄杆菌属、金黄杆菌属等，健康根内具有显著性差异的物种有 5 个种群，属水平上仅有 1 个，为肠杆菌属。细菌共现网络分析显示发病非根际土的核心细菌属主要为假诺卡氏菌属、雷氏菌属等；健康非根际土的核心细菌属主要为 *Candidatus Udaeobacter* 属、酸杆菌门下的 RB41 属、厌氧粘细菌属等；发病根际土的核心细菌属主要为厌氧粘细菌属、中慢生根瘤菌属等；健康根际土的核心细菌属主要为布氏杆菌 – 卡巴勒菌 – 副布氏杆菌属、鞘氨醇单胞菌属、放线菌门下的 CL500–29 *marine group* 属等；发病根内的核心细菌属主要为申氏菌属、肠道核心菌 5 属等；健康根内的核心细菌属主要为 *Clostridium sensu stricto* 18 属等。

发病烟株根际土壤理化特性也发生较大变化，与健康土壤相比，发病土壤速效钾含量提高了 54.7%，土壤蔗糖酶活性提高了 11.6%，而土壤脲酶活性下降了 27.3%。

相关性分析表明，酸杆菌门下的 RB41 菌属、硝化螺旋菌属和厌氧绳菌属等多个根际土壤差异菌属均与速效钾、酸性磷酸酶活性、过氧化氢酶活性等土壤化学指标具有显著相关性，而根系内生差异菌属与土壤环境因子则少有显著相关性。根际土壤中的差异菌属与根际土壤中的病原菌均无显著相关性，而根系内生差异菌属如毛单胞菌属、青枯菌属、金黄杆菌属和代尔夫特菌属等与根际土壤中的青枯雷尔氏菌呈显著正相关，黄杆菌属与烟草疫霉呈显著正相关。

第三章 土壤环境因素对烟草根茎部常见病害的影响

第一节 土壤环境因素对烟草青枯病的影响

一、烟草青枯病发病程度与土壤环境间的响应关系

为探究烟草青枯病发生与土壤生态环境因子间的关系，明确与青枯病发病程度相关的因素，笔者通过田间调查收集青枯病不同发病程度的根际土壤，测定土壤理化指标和酶活性，并用 16S rDNA、内转录间隔区（ITS）基因测序技术分析烟株发病与未发病植株根际土壤细菌、真菌群落结构的差异。主要调查过程如下。

（一）试验设计与方法

1. 试验地概况

土壤取样地位于 G 省 A 村，取样区域为同一地块且肥力均匀、地块平整，土壤质地为沙质土，种植的烟草品种为云烟 87。

试验地的基础理化性质：pH 值 5.21，有机质含量 24.28 g/kg，全氮含量 1.42 g/kg，碱解氮含量 162.74 mg/kg，硝态氮含量 19.18 mg/kg，铵态氮含量 9.74 mg/kg，全磷含量 0.03%，速效磷含量 3.33 mg/kg，全钾含量 0.15%，速效钾含量 54.08 mg/kg。

2. 青枯病的分级处理

参照《烟草病虫害分级及调查方法》（GB/T 23222—2008）中病虫害的分级及调查方法，以株为单位调查各烟株青枯病的发病等级。

3. 样品的采集与制备

通过系统调查并确定青枯病发病地块后，于烟株旺长期在田间对不

同青枯病发病等级的烟株根际土壤进行取样。按照青枯病发病等级，相同病级取 3 株以上烟草，采用抖根法收集根系周围 0 ~ 2 mm 根际土壤，充分混匀后装袋，一部分放于 –80℃冰箱中保存，用于提取土壤 DNA，另一部分储存在 4℃冰箱中，用于测定土壤酶活性、土壤养分含量。

4. 土壤理化性状、酶活性的测定

采用电位法测定 pH。土壤碱解氮、硝态氮、铵态氮、全磷、速效磷、全钾、速效钾、有机质、全氮含量分别用碱解扩散法、紫外分光光度法、可见分光光度法、NaOH 熔融 – 光度计法、碳酸氢钠 – 钼锑抗比色法、NaOH 熔融 – 火焰光度计法、NH_4OAc 浸提 – 火焰光度计测定法、重铬酸钾容量法 – 稀释热法、半微量凯氏法测定。用苏州格锐思生物科技有限公司提供的试剂盒分别测定土壤酸性磷酸酶、脲酶、蔗糖酶、过氧化氢酶活性。

5. 土壤微生物的测定

用 HiPure Soil DNA Kits 提取土壤中的 DNA。通过 NanoDrop 微量分光光度计、琼脂糖凝胶电泳检测 DNA 的纯度和完整性，将纯化的 PCR 产物进行文库构建。经过 Qubit 和 Q–PCR 验证文库合格后，使用 NovaSeq 6000 对 DNA 文库进行测序。测序数据通过 QIIME V1.9.1 去除平均质量分数低（$Q < 20$）和长度短（< 100 bp）的低质量序列，得到最终的有效数据。使用 Usearch 软件进行聚类，去除聚类过程中检测到的嵌合体，获得 OTU 的丰度和 OTU 代表序列。基于 OTU 的序列、丰度数据，开展物种注释、物种组成分析，Alpha 多样性分析，Beta 多样性、相关性分析等。

6. 数据处理

用 Excel 2010 进行数据处理，用 SPSS 25.0 进行方差分析和多重比较（Duncan's 新复极差法），显著性水平为 0.05，用 R 语言进行图形绘制。

（二）试验结果与分析

1. 烟株根际土壤理化性状

由表 3–1 可以看出，不同青枯病发病程度的烟株根际土壤理化性状存在显著差异。青枯病发病烟株根际土壤的有机质、总氮、碱解氮、硝态氮、速效磷和速效钾含量均高于未发病烟株根际土壤。在发病烟株根际土壤中，随着烟株发病程度的加重（病级由 1 级升至 7 级），pH、有机质含量、总氮含量、铵态氮含量降低，硝态氮含量升高。

表 3-1　不同发病程度烟株根际土壤理化性状

病级	0	1	5	7
pH 值	5.96 ± 0.08 a	5.97 ± 0.16 a	5.76 ± 0.04 a	5.46 ± 0.22 b
有机质含量 /（g · kg^{-1}）	26.14 ± 1.24 d	38.95 ± 1.14 a	33.43 ± 1.65 b	28.82 ± 0.07 c
总氮含量 /（g · kg^{-1}）	1.57 ± 0.03 c	2.32 ± 0.12 a	1.88 ± 0.05 c	1.64 ± 0.06 c
碱解氮含量 /（mg · kg^{-1}）	181.30 ± 20.44 b	325.97 ± 41.96 a	349.30 ± 58.07 a	336.70 ± 4.59 a
硝态氮含量 /（mg · kg^{-1}）	15.12 ± 0.64 d	36.13 ± 0.09 c	38.75 ± 0 b	54.06 ± 0.09 a
铵态氮含量 /（mg · kg^{-1}）	39.48 ± 2.61 a	37.59 ± 6.09 a	37.59 ± 12.80 a	28.84 ± 3.00 a
全磷含量 /%	0.05 ± 0.01 a	0.07 ± 0.02 a	0.07 ± 0.05 a	0.05 ± 0.01 a
速效磷含量 /（mg · kg^{-1}）	154.73 ± 38.16 c	237.33 ± 24.76 b	399.44 ± 67.57 a	165.93 ± 8.53 c
全钾含量 /%	0.30 ± 0.05 a	0.40 ± 0.02 a	0.30 ± 0.13 a	0.32 ± 0.06 a
速效钾含量 /（mg · kg^{-1}）	127.49 ± 27.47 b	392.02 ± 64.26 a	434.95 ± 71.60 a	219.70 ± 93.09 b

注：同列数据后标有不同小写字母代表在 0.05 水平差异显著。

2. 烟株根际土壤酶活性

病害的发生能对根际土壤酶活性产生显著影响，具体表现为随着病害程度的加重，根际土壤中的蔗糖酶和过氧化氢酶活性均呈现下降趋势。对比不同病害程度的烟株，我们发现青枯病 5 级烟株根际土壤的蔗糖酶活性显著低于未发病烟株和青枯病 1 级烟株的根际土壤。同时，过氧化氢酶活性在青枯病 1 级烟株的根际土壤中最高，但各病害等级间的差异并未达到显著统计水平。以上结果表明，病害的严重程度与土壤酶活性密切相关，尤其是与蔗糖酶活性的关系更为紧密。

3. 不同发病程度青枯病烟株根际土壤微生物群落多样性

（1）微生物 α 多样性变化

土壤中细菌与真菌多样性对病害发生的响应不同。在真菌中，随着发病程度的加重，Shannon 指数、Simpson 指数、Chao1 指数和 Ace 指数均在青枯病 1 级时最高，且只有 Chao1 指数、Ace 指数显著高于其他病级，其余均未达到显著差异。在细菌中，各指数也是青枯病 1 级时最高，但各病级间的差异均未达到显著水平。

（2）不同发病程度对土壤微生物 β 多样性的影响

在不同发病程度下，土壤真菌及细菌群落 β 多样性有一定差异。主坐标分析图给出了基于相似性分析计算出的 R 值，R 值越接近 1，说明组间差异越大于组内差异。真菌和细菌中主坐标分析（PCoA）的结果均有显著差异（$p < 0.05$）。在 PCo1 轴上，随发病程度的增加，真菌群落逐渐分离，但正常土壤与青枯病 7 级烟株根际土壤有部分重合，表明青枯病 7 级烟株根际土壤真菌群落与正常土壤相似。在 PCo1 轴上，正常土壤细菌群落与发病土壤能显著分开，而青枯病 5 级烟株根际土壤和青枯病 7 级烟株根际土壤未能明显分开，表明正常土壤与发病土壤间存在差异，青枯病 5 级、7 级烟株根际土壤细菌群落结构较为相似。

（3）不同发病程度青枯病烟株根际土壤微生物属水平的差异

发病程度对根际土壤微生物群落相对丰度有一定影响。随着烟株发病程度的增加，真菌群落中被孢霉属菌、球托霉属菌的相对丰度呈此消彼长的态势，与正常土壤相比，发病烟株根际土壤中镰刀菌属菌、柱孢霉菌属菌的相对丰度提高，毛霉属菌相对丰度有降低趋势。随着烟株发病程度的加重，肠杆菌属菌在青枯病 5 级、7 级烟株根际土壤中的相对丰度高于正常土壤，鞘氨醇单胞菌属菌相对丰度在青枯病 1 级烟株根际土壤中较高，不动杆菌属菌只出现在发病烟株根际土壤中，产黄杆菌属菌相对丰度随着烟株发病程度加重而逐渐增加。

（4）不同发病程度烟株根际土壤差异

为了获得不同发病程度烟株根际土壤细菌、真菌群落的主要差异物种，用 LEfSe 软件进行 LEfSe 分析，对 OTU 数据进行统计意义和生物差异分析。在属水平上，对于不同青枯病发病程度烟株根际土壤的真菌而言，伞状霉属的 LDA 值较大，为正常土壤中的差异物种，青枯病 1 级烟株根际土壤中的圆孢霉属为差异物种，青枯病 5 级烟株根际土壤中的毛霉属为优势种群，青枯病 7 级烟株根际土壤中的柱孢霉菌属为优势种群。而且发病烟株根际土壤中毛霉属菌的相对丰度高于正常土壤，说明毛霉属可能是不同青枯病发病程度烟株根际土壤真菌群落在属水平产生差异的主要物种。

细菌中，与发病烟株根际土壤相比，其它根瘤菌属 – 新根瘤菌属 – 副根瘤菌属的 LDA 值高，为正常土壤中的差异物种，且随发病程度的加重，溶杆菌属、RB41、黄色土源菌属和鞘氨醇单胞菌属（来自青枯病 1 级烟株根际土壤），乳球菌属（来自青枯病 5 级烟株根际土壤），波氏杆菌属（来自青枯病 7 级烟株根际土壤）逐渐成为特异种群。此外，肠杆菌属菌在青枯病 5 级、7 级烟株根际土壤中的相对丰度高于正常土壤；鞘氨醇单胞菌属菌在青枯病 1 级烟株根际土壤中的相对丰度较高，而后随着发病程度的加重逐渐下降，表明鞘氨醇单胞菌属可能是青枯病不同发病程度烟株根际土壤细菌群落在属水平产生差异的主要物种。

（5）微生物群落组成与土壤环境因子间的相关性

选择差异较大的 6 个理化指标（pH 值、SOM 含量、TN 含量、NO_3^-–N 含量、AP 含量、AK 含量），结合 OTU 数据矩阵进行冗余分析。由下图 3–1 中 A 图可以看出，2 个排序轴共解释了 80.25% 的真菌群落变化，其中毛霉属在 TN 含量、SOM 含量、AK 含量、AP 含量和 pH 值箭头上的投影均在反向延长线上，呈负相关，而在 NO_3^-–N 含量箭头上的投影在正向延长线上，呈正相关；柱孢霉菌属与 NO_3^-–N 含量呈负相关，与其余理化因子呈正相关。由图 3–1（b）可以看出，2 个排序轴共解释了81.1% 的细菌群落变化，其中，鞘氨醇单胞菌属与 pH、TN 含量、SOM含量、AK 含量呈正相关，与 AP 含量、NO_3^-–N 含量呈负相关。从箭头长度可以看出，TN 含量、SOM 含量对微生物群落结构的影响较大。

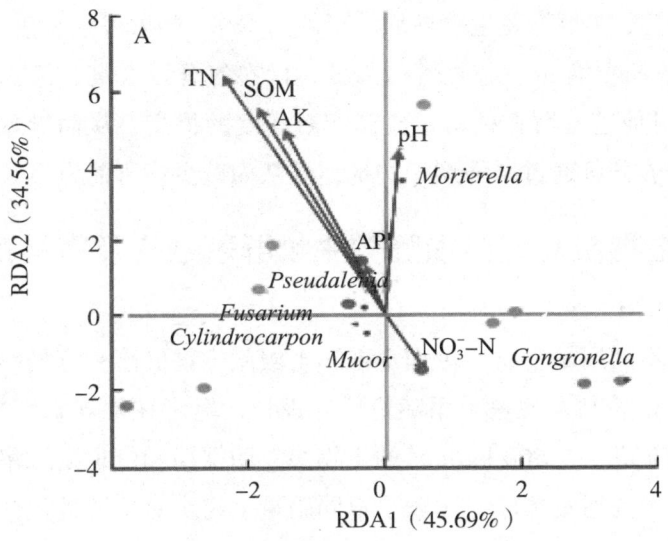

（a）水平真菌群落组成与土壤因子的冗余分析

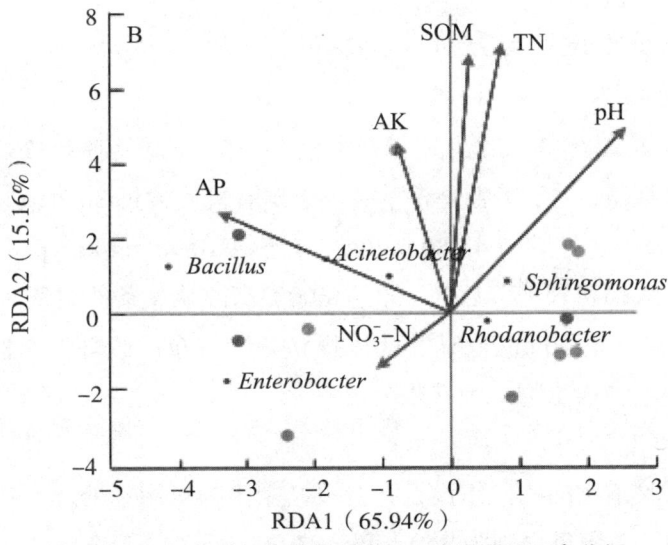

（b）水平细菌群落组成与土壤因子的冗余分析

●D0；●D1；●D5；●D7；

RDA1：排序轴1；RDA2：排序轴2；DO：全株无病；D1：青枯病1级；D5：青枯病5级；D7：青枯病7级；SOM：有机质；AK：速效钾；TN：总氮；AP：速效磷；NO_3^--N：硝态氮；*Mortierella*：被孢霉属；*Gongronella*：球托霉属；*Fusarium*：镰刀菌属；*Mucor*：毛霉属；*Cylindrocarpon*：柱孢霉菌属；*Bacillus*：芽孢杆菌属；*Acinetobacter*：不动杆菌属；*Sphingomonas*：鞘氨醇单胞菌属；*Rhodanobacter*：产黄杆菌属；*Enterobacter*：肠杆菌属；Pseudaleuria：子囊菌门属。

图3-1　微生物群落组成与土壤因子的冗余分析结果

综上所述，在烟株发生青枯病的根际土壤中，随着发病程度的加重，土壤 pH、有机质含量、总氮含量降低，硝态氮含量升高，原因可能是 pH 的下降可促进土壤青枯雷尔氏菌相对丰度的提高，从而导致病害加重，而部分养分可通过增强烟株的抗逆性从而减少病害的发生。

二、生物炭对烟草根际微生物群落结构及青枯病发生的影响

为探究不同用量生物炭对烟草根际土壤微生物群落和青枯病发生的影响，在青枯病易发地块采用随机区组设计，笔者在常规施肥基础上，起垄时施用 750 ~ 7 500 kg/hm² 的生物炭，团棵期和打顶期采集烟株根际土壤，利用高通量测序，比较了不同用量生物炭对土壤理化性质及根际微生物群落的影响。具体实验过程如下。

（一）试验设计与方法

1. 试验地点

试验于 2022 年 3—10 月进行，地点在 C 市，供试品种 K326，试验地为长期连作烟田，主要病害是青枯病。土壤有机质含量 36.29 g/kg，速效钾 335.84 mg/kg，速效磷 43.80 mg/kg，硝态氮 10.70 mg/kg，pH 为 5.33。生物炭是由水稻秸秆粉碎后在 400 ~ 600℃高温缺氧条件制备而成，pH 为 9，有机质含量 40 mg/kg，总孔体积 0.036 cm³/g，平均孔径 8.24 nm，购于江苏华丰农业生物工程有限公司。

2. 试验设计

田间试验采用随机区组设计，共设 7 个生物炭用量处理，在起垄前条施在垄间，施用量分别为 750（T1）、1 500（T2）、3 000（T3）、4 500（T4）、6 000（T5）、7 500（T6）kg/hm²，以不施用生物炭处理作为对照（CK），3 次重复，小区面积 67 m²，小区间设置保护行，试验地面积约 0.25 hm²。供试烟苗采用漂浮育苗，大田管理均按相关技术标准统一进行，中心花开放打顶，用 12.5% 氟节胺乳油控制腋芽。种植密度为行距 115 cm、株距 55 cm，每小区 110 株。

3. 试验方法

（1）烟草根际土壤微生物结构与功能分析

团棵期对不同处理根际土（即拔出烟株用力抖动后仍粘附在根上的土，根表 2 mm）和根围土（取样点距烟株根基部 3 cm 左右）进行取样，标记为 T_J、T_W；打顶期只采集根际土，标记为 T_BJ。按照"随机、等量、多点混合"的原则，每小区按照 S 形 5 点取样后混匀作为 1 个样品，共采集 63 份土壤样品。采集后立即装袋贴标签并记录采集信息，置于干冰中带回实验室，并存放于 –80℃ 冰箱中。

采用土壤微生物 DNA 快速提取试剂对土壤样品微生物总 DNA 进行提取，将提取的土壤微生物总 DNA 进行 PCR 扩增建立测序文库。细菌针对 16S rRNA 特异性 V3–V4 可变区进行扩增，引物为 515R（5'–GTGCCAGCMGCCGCGGTAA–3'）和 806R（5'–GGACTACHVGGGTWTCTAAT–3'）；真菌利用 ITS1 ~ ITS2 区域进行扩增，引物为 ITSIF（5'–CTTGGTCATTTAGAGGAAGTAA–3'）和 ITS2（5–GCTGCGTTCTTCATCGATGC–3'）。PCR 扩增结束后，使用 2% 琼脂糖凝胶回收 PCR 产物，利用 AxyPrep DNA Gel Extraction Kit（Axygen Biosciences，美国）进行纯化，Tris–HCl 洗脱，2% 琼脂糖电泳检测。将纯化质量合格的 PCR 产物委托上海美吉医药生物有限公司进行文库构建及上机测序工作。

（2）土壤理化性质参数测定

土壤理化性质测定参照《土壤农化分析》。pH 测定为酸碱度仪法，有机质含量测定采用重铬酸钾氧化 – 容量法；碱解氮测定采用碱解扩散法；硝态氮测定采用紫外分光光度法；速效磷测定采用钼锑抗比色法；速效钾测定采用乙酸铵浸提—火焰光度计法。

（3）微生物数据分析方法

所有微生物数据分析通过美吉生物有限公司云平台进行。使用 QIIME 2 软件对原始 Illumina fastq 文件进行解复用、质量过滤和分析，以获得有效数据并确保结果的准确性和可靠性。参考物种注释数据库，对扩增子序列变体（ASV）进行物种分类学注释，并统计注释结果的丰度信息。对群落进行 α 多样性分析，选择 Shannon、Simpson 和 Chao1 指数比较不同样本的物种多样性及丰富度。

（4）病害调查烟草病害发生情况

按《烟草病虫害分级及调查方法》（GB/T 23222—2008），结合当地病害发生特点，在发病初期对青枯病进行系统调查，调查每个小区的发病株数及严重度，计算发病率，每隔 5 d 调查 1 次，连续调查 5 次以上。

4. 数据分析

采用 Excel 2021 对试验数据进行整理，计算出发病率、病情指数；采用 SPSS 22.0 统计软件 Duncan's 新复极差法比较分析相关数据在 $p \leqslant 0.05$ 时的差异性。细菌群落和土壤理化参数的冗余分析（RDA）利用 R-3.3.1（vegan）软件分析得到，解析样本分布和环境因子间的相关性系数。单因素方差分析利用 SPSS 22.0 软件进行，对不同处理差异微生物属进行筛选（$p < 0.05$）。

（二）试验结果分析

1. 不同生物炭施用量对烟草青枯病发生的影响

通过实验结果可知，750 ~ 7 500 kg/hm² 生物炭处理对烟草青枯病的防控效果具备剂量效应，用量越大，对青枯病的防控效果越好。末次调查数据显示，对照处理青枯病发生率为 23.75%，病情指数为 5.69，7 500 kg/hm² 生物炭处理后青枯病发病率为 13.75%，病情指数为 2.64，与对照相比病情指数降低 53.66%。

2. 不同生物炭施用量对烟草根际土壤理化性质的影响

通过对不同用量生物炭处理后烟草根际土壤理化性质进行测定发现，施用 750 ~ 7 500 kg/hm² 生物炭，可以不同程度改变烟草根际土壤的理化参数。随着生物炭用量增加，土壤 pH、硝态氮、速效磷含量先升高后降低，4 500 kg/hm² 生物炭处理后团棵期和打顶期土壤 pH 分别较对照提升 0.43、1.52，打顶期土壤硝态氮含量较对照提升 10.68 mg/kg，速效磷含量较对照提升 57.54 mg/kg。土壤有机质含量随生物炭用量的增加而升高。7 500 kg/hm² 生物炭处理后团棵期和打顶期土壤有机质较对照提升 43.95 mg/kg、25.69 mg/kg，速效钾含量较对照提升 409.3、209.17 mg/kg。

3. 不同用量生物炭对烟草根际土壤微生物群落多样性的影响

通过不同处理后的细菌多样性指数的显著性分析发现：团棵期时，7 500 kg/hm² 生物炭处理后根际土壤 Shannon 指数显著低于对照处理，根围土壤各指数之间不存在显著性差异；打顶期时，4 500 kg/hm² 生物炭处理的根际土壤的 Chao1、Shannon 指数显著高于 3 000 kg/hm² 生物炭处理；3 000 kg/hm² 生物炭处理 Simpson 指数显著低于其他处理，4 500 kg/hm² 生物炭处理可以显著提升烟草根际土壤细菌的丰富度和多样性。

通过分析真菌多样性指数发现，各处理烟草根际土壤的 Chao1、Shannon、Simpson 指数均不存在显著性差异，这表明不同用量的生物炭对烟草根际和根围土壤的真菌群落的丰富度和多样性均没有明显影响。

4. 不同用量生物炭处理下烟草根际微生物组成

（1）土壤细菌群落在 ASV 水平上的组成

通过对 63 份土样细菌 ASV 代表序列进行分类学注释，按照最小样本序列数（59 374）对每个样本进行序列抽平。共检测到 38 623 个 ASV，归类到 1 330 个属，629 个科，374 个目，154 个纲，51 个门。检测出的 ASV 中，855 个 ASV 为团棵期不同用量生物炭处理烟株根际土壤所共有的，750 ~ 7 500 kg/hm² 生物炭处理烟草根际特有的 ASV 分别为 1 316、2 379、1 215、1 754、1 247、1 088 个，不使用生物炭的烟草根际土壤特有的 ASV 为 1 821 个；720 个 ASV 为打顶期根际土壤共有，750 ~ 7 500 kg/hm² 生物炭处理烟草根际特有的 ASV 分别为 1 896、1 915、1 418、3 238、2 033、1 335 个，2 017 个 ASV 仅在不使用生物炭处理的根际土壤中存在；868 个 ASV 为团棵期不同用量生物炭处理烟株根围土壤所共有的，750 ~ 7 500 kg/hm² 生物炭处理烟草根围特有的 ASV 分别为 1 661、2 142、1 133、2 218、1 857、1 491 个，1 965 个 ASV 仅在不使用生物炭处理的根围土壤中存在。1 500 kg/hm²、4 500 kg/hm² 生物炭处理的团棵期烟草根际、根围土壤和打顶期烟草根际土壤的 ASV 高于其他用量处理。

（2）土壤真菌群落在 ASV 水平上的组成

对烟草根际土壤真菌 ASV 代表序列进行分类学注释，按照最小样本序列数（72 670）对每个样本进行序列抽平，共检测到 9 545 个 ASV，归类到 863 个属, 332 个科, 134 个目, 59 个纲, 15 个门。检测出的 ASV 中, 在真菌水平上, 195 个 ASV 为团棵期不同用量生物炭处理烟株根际土壤所共有的, 750 ~ 7 500 kg/hm^2 生物炭处理烟草根际特有的真菌 ASV 分别为 329、353、293、445、588、456 个, 不使用生物炭的烟草根际土壤特有的 ASV 为 585 个; 206 个 ASV 为打顶期根际土壤共有, 750 ~ 7 500 kg/hm^2 生物炭处理烟草根际特有的 ASV 分别为 398、313、401、373、498、426 个, 709 个 ASV 仅在不使用生物炭处理的根际土壤中存在, 显著高于生物炭处理的根际土壤; 194 个 ASV 为团棵期不同用量生物炭处理烟株根围土壤所共有的, 750 ~ 7 500 kg/hm^2 生物炭处理烟草根围特有的 ASV 分别为 372、609、351、657、432、404 个, 489 个 ASV 仅在不使用生物炭处理的根围土壤中存在, 其中 1 500、4 500 kg/hm^2 生物炭处理团棵期的根围土壤的 ASV 数量高于其他用量处理。

5. 土壤理化性质与根际细菌群落的关系分析

通过对土壤理化性质与土壤微生物群落结构进行冗余分析（RDA）可知, 团棵期, RDA1 和 RDA2 分别解释了 12.01% 和 4.90% 的群落变化量; 7 500 kg/km^2 生物炭处理后烟草根际土壤细菌群落结构与土壤 pH、硝态氮、速效磷、速效钾、有机质含量正相关, 与铵态氮含量负相关。其中有机质（$p=0.017$）和速效钾（$p=0.014$）是显著影响细菌群落组成的环境因子。打顶期时, RDA1 和 RDA2 分别解释了 31.31% 和 3.50% 的群落变化量, 表明 7 500 kg/hm^2 生物炭处理根际土壤细菌群落与氨态氮含量正相关, 其中速效钾（$p=0.019$）、速效磷（$p=0.033$）是影响细菌群落组成的主要环境因子。不同用量生物炭处理烟株根际土壤细菌群落与土壤理化性质的冗余分析如图 3-2 所示。

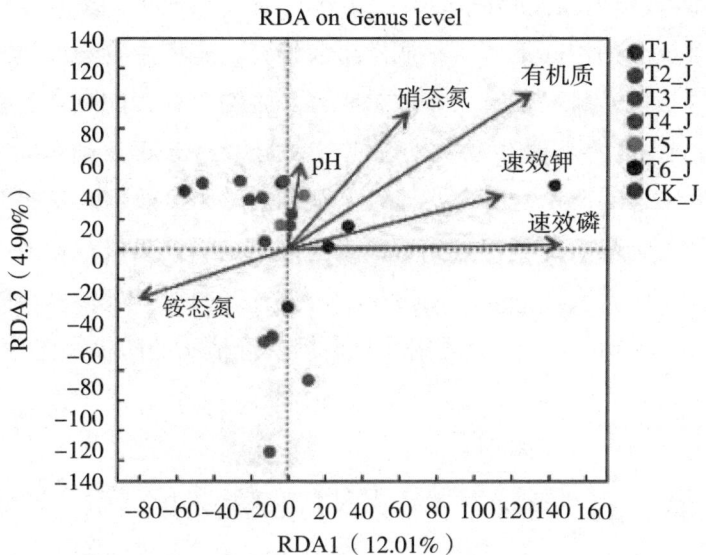

（a）团棵期生物炭处理烟株根际土壤细菌群落与土壤理化性冗余分析

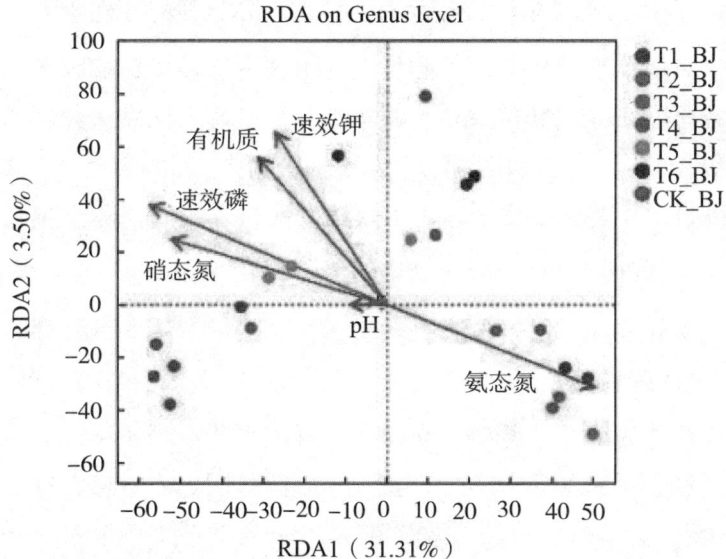

（b）打顶期生物炭处理烟株根际土壤细菌群落与土壤理化性冗余分析

图 3-2 不同用量生物炭处理烟株根际土壤细菌群落与土壤理化性质的冗余分析

　　综上所述，生物炭处理能降低烟草青枯病病情指数，且用量越大，降低烟草青枯病病情指数效果越好，其中 7 500 kg/km² 生物炭处理与对照相比降低病情指数 53.66%。这与张广雨等研究结果相一致。生物炭作为一种土壤改良剂，能够有效改善土壤理化性质，提高土壤 pH、速效磷和速效钾含量。当田间烟草青枯病发生较轻时，施用生物炭改良土壤可降低其病情指数，且用量越大，效果越好。生物炭处理能有效改善土壤理化性质，4 500 kg/hm² 生物炭处理能有效提升土壤 pH、硝态氮、速效磷含量，7 500 kg/hm² 生物炭处理对土壤有机质、速效钾含量提升效果最佳；施用生物炭可优化根际土壤微生物群落结构及组成，提升小梨形菌属、鞘脂单胞菌属、*Quadrisphaera* 等有益菌的相对丰度。整体而言，4 500 ~ 7 500 kg/hm² 生物炭适用于早期烟草青枯病的防控及土壤改良。

第二节 土壤环境因素对烟草黑胫病的影响

一、烟草黑胫病发病程度与根际微生物间的响应关系

为探究烟草黑胫病不同发病程度与土壤生态环境影响因子之间的关系，笔者通过 G 地的田间调查，收集烟草黑胫病不同发病程度的根际土壤（病级:0、5、7、9 级），测定了土壤理化指标和酶活性，并采用 16S rDNA 和 ITS 基因测序技术分析了烟株发病与未发病根际土壤细菌及真菌群落结构的差异。具体实验过程如下所示。

（一）试验设计与方法

1. 取样地概况

取样地块为 H 省，质地为黄壤土，样品采集区域土壤肥力均匀、地块平整。种植品种为云烟 87，土壤基础理化性状为：pH 5.31、有机质29.70 g/kg、全氮 1.41 g/kg、碱解氮 147 mg/kg、硝态氮 9.38 mg/kg、铵态氮 19.01 mg/kg、全磷 20.43 g/kg、有效磷 28.72 mg/kg、全钾 487.56 g/kg、速效钾 233.08 mg/kg。

2. 病害分级方法及土壤样品采集

按照《烟草病虫害分级及调查方法》（GB/T 23222—2008）中烟草病虫害分级和调查方法，以株为单位调查烟株发病的等级，病级确定后将烟

株连根拔起，去除杂草和沙石，将烟株根围近地表的土壤去掉，然后将烟株根际须根 2 mm 范围内的土壤抖落并收集，待充分混匀后收集装袋，每个病级不少于 3 株烟株，土壤样品分为两部分，一部分储存在 –80℃ 用于提取土壤 DNA，另一部分储存在 4℃ 冰箱用于测定土壤酶活性和土壤养分含量。

3. 土壤理化性状及酶活性的测定

采用电位法测土壤悬浮液中的 pH；用重铬酸钾容量法 – 稀释热法测定有机质含量；用碱解扩散法测碱解氮含量；采用紫外分光光度法测定 NO_3^-–N 含量；采用可见分光光度法测定土壤中的 NH_4^+–N 含量；用半微量凯氏法测全氮含量；全磷含量的测定方法是氢氧化钠碱熔 – 钼锑抗比色法；用 0.05 ~ 0.025 mol/L（1/2 H_2SO_4）法测有效磷；全钾含量用火焰分光光度法测定；速效钾采用 NH_4OAc 浸提 – 火焰光度法测定。利用苏州格锐思生物有限公司提供的试剂盒，分别测定土壤脲酶（URE）、蔗糖酶（SUC）、酸性磷酸酶（ACP）和过氧化氢酶（CAT）的活性。

4. 土壤微生物的测定

土壤细菌：采用 Illumina HiSeq 测序方法对土壤微生物群落的丰度和结构进行评价。采用引物 341F 和 806R 对 16S rDNA 中 V3–V4 区域进行扩增，检测细菌及真菌的群落结构与多样性。使用 TruSeq DNA PCR–free Sample Preparation Kit 试剂盒将纯化的 PCR 产物进行文库构建。经过 Qubit 和 Q–PCR 验证文库合格后，使用 NovaSeq 6000 对 DNA 文库进行测序。测序数据通过 QIIME V1.9.1 去除平均质量分数低（Q < 20）和长度短（< 100 bp）的低质量序列，得到最终的有效数据。利用 UPARSE 对所有样本的全部有效标签进行聚类，默认以 97% 的一致性序列聚类成为 OTUs。进一步用 QIIME V1.9.1 中的 blast 方法与 Unit（v7.2）数据库对 OTUs 序列进行物种注释，获得不同分类水平微生物丰度数据。

土壤真菌: 使用 MN NucleoSpin soil Kit 从 0.75 g 土壤中提取总 DNA。根据真菌 ITS1 保守区使用引物 ITS1F（5'–CTTGCTCATTTAGAGGAAGTAA–3'）和 ITS2（5'–GCTGCGTTCTTCATCGATGC–3'）。每 10 μL PCR 混合物中含有 5 L KOD FX Neo Buffer、0.3 μL 10 μmol/L 引物、2 μL dNTP（每个 2 mmol/L）、0.2 μL KOD FX Neo、50 ng DNA，并加入蒸馏水定容至 10 μL。每个样

品进行重复扩增、合并，然后使用 Cycle Pure Kit 进行纯化，形成测序文库，使用 Illumina HiSeq 2500 技术进行测序分析。

5. 统计方法

利用 Excel 2010 和 SPSS 26.0 进行数据处理，用 LSD 法进行显著性检验，显著性为 $p < 0.05$，利用 R 语言进行图形绘制。

（二）试验结果与分析

1. 不同发病程度对土壤理化性质的影响

不同黑胫病发病程度的土壤理化性质存在显著差异，黑胫病发病土壤的 AN、NO_3^--N、NH_4^+-N、AP 及 AK 含量均显著高于未发病土壤（$p < 0.05$），在发病土壤中，随着发病程度的增加，土壤 SOM、AN、NO_3^--N 及 AP 含量升高，不同病级间差异显著。从相关系数来看，病级与 SOM、TN、NO_3^--N、NH_4^+-N 和 AK 均呈极显著正相关（$p < 0.01$）。

2. 不同发病程度对土壤酶活性的影响

病害的发生会影响土壤酶活性，具体表现为随着烟草黑胫病发病程度的增加，URE、SUC、CAT 及 ACP 活性呈逐步增加的趋势，且均与发病程度呈显著正相关关系（$p < 0.05$）。土壤 URE 中，5 级病害显著低于不发病的土壤，但随着病级的增加，URE 活性显著增强；SUC 及 CAT 表现为相同的变化趋势：7 级和 9 级病害间无显著差异，但显著高于 0 级及 5 级病害；ACP 随着病害程度的增加，酶活性显著增加，表明病害的发生与土壤酶活性变化有关。

3. 土壤微生物对不同发病程度的响应

（1）不同发病程度对土壤微生物 α 多样性的影响

土壤中细菌与真菌多样性对病害发生的响应有所不同，细菌中随着发病程度的增加，Shannon 指数逐步降低，发病较重的土壤 Shannon 指数显著低于正常土壤，但 7 级与 9 级病害间无显著差异，而 Simpson 指数与 Chao1 指数随着病害的发生逐步降低，但在 5 级病害中细菌多样性和均匀度呈小范围回升；在真菌中，随着病害的发生，多样性指数均呈降低趋势，但各指数间均无显著差异。

（2）不同发病程度对土壤微生物 β 多样性的影响

不同发病程度对土壤微生物群落结构有一定影响，在细菌中，PCo1 和 PCo2 能解释 81.92% 的变异，且结果具有显著差异（ $p < 0.01$ ），随着病害的发生，细菌群落逐渐分离，但正常土壤与 5 级病害土壤细菌较为接近，表明 5 级病害细菌群落与正常土壤相似；在真菌中，PCo1 和 PCo2 能解释 53.81% 的变异，结果具有统计学意义（ $p < 0.01$ ），不同病害程度真菌群落能明显分离，发病土壤真菌群落在 PCo1 中未能明显分开，但正常土壤在 PCo1 中与发病土壤能显著分离，表明发病土壤中真菌群落可能有类似的结构且能与正常土壤间有显著差异。

（3）不同发病程度对土壤微生物群落丰度的影响

黑胫病发病的土壤细菌门水平与正常土壤间群落组成存在一定差异，与正常土壤相比，发病土壤中厚壁菌门相对丰度高于正常土壤，而变形杆菌门、放线菌门、酸杆菌门、绿弯菌门、浮霉菌门群落丰度低于正常土壤，其中，在发病处理间，随着病害发病程度的增加，拟杆菌门相对丰度升高，而变形杆菌门、放线菌门、酸杆菌门、绿弯菌门、浮霉菌门相对丰度降低；在真菌群落属水平中，发病土壤中被孢霉属、孢球托霉属和沙蜥属相对丰度低于正常土壤，而烟草属、镰刀菌属和棘壳孢属高于正常土壤。另外，在发病土壤真菌群落中，随着病害程度增加，孢球托霉属和被孢霉属丰度减少，烟草属和镰刀菌属丰度增加。从中挑选出差异较大的物种，结合指示物种分析，推测出与黑胫病发病相关的差异物种。

（4）不同发病程度土壤差异物种分析

为了进一步获得不同发病程度中土壤微生物群落的主要差异物种，利用 LEfSe 分析，对 OTUs 数据进行了统计意义和生物相关性差异分析。根据结果显示，不同黑胫病发病程度土壤的细菌，在门水平上，正常土壤酸杆菌门和放线菌门的 LDA 绝对值大，而随着病害的发生，变形菌门（5 级病害）和厚壁菌门（7 级和 9 级病害）的 LDA 绝对值逐渐突出。

对于真菌而言，在属水平上，正常土壤毛壳菌属和孢球托霉属的 LDA 绝对值大，而随着发病程度的增加，Pseudaleuria（5 级病害）、棘壳孢属（7 级病害）、桑属（7 级病害）、亡革菌属（9 级病害）和锥盖伞属（9级病害）逐渐占据优势成为特异种群。发病土壤中被孢霉属、孢球托霉属和沙蜥属相对丰度低于正常土壤，而烟草属、镰刀菌属和棘壳孢属高于正常土壤，表明孢球托霉属和棘壳孢属可能是不同发病程度土壤真菌群落属水平差异的主要物种。

4. 土壤环境与微生物间的相关性

基于以上研究结果，选择 6 个差异较大的土壤理化指标（SOM、AN、NO_3^--N、NH_4^+-N、AP、AK）和 2 个差异较大的土壤酶（URE、ACP），结合 OTUs 数据矩阵来进行冗余分析（RDA），探究土壤环境变量与优势菌的相关性。结果表明，放线菌门和酸杆菌门与 SOM、AN、AK、AP、NO_3^--N、NH_4^+-N、URE、ACP 呈显著负相关关系；放线菌门和酸杆菌门与正常土壤和 5 级病害土壤细菌群落均在坐标轴右侧，而厚壁菌门与上述物理指标呈显著正相关关系，且厚壁菌门与发病程度较高的细菌群落处于同一坐标象限。在真菌群落中，亡革菌属、棘壳孢属和锥盖伞属与土壤 SOM、AN、AK、AP、NO_3^--N、NH_4^+-N、URE、ACP 呈显著正相关关系，而孢球托霉属与 AN、NO_3^--N、NH_4^+-N、AP、AK、ACP 呈显著负相关关系。

综上所示，土壤 SOM、TN、NO_3^--N、NH_4^+-N、AK、URE 活性、SUC 活性、ACP 活性和 CAT 活性均与发病程度呈正相关关系；在微生物群落中，随着黑胫病的发生，细菌的多样性随之降低，而对真菌群落影响较小；根际土壤中放线菌门、酸杆菌门、孢球托霉属相对丰度降低和厚壁菌门、棘壳孢属相对丰度增加是烟草黑胫病严重发生的重要微生物因素。

二、生物质炭对烟草黑胫病的影响

生物质炭在农业及环境领域的应用受到广泛关注，其不仅能够增强土壤肥力，还能固定与降解土壤污染物，从而降低污染物对土壤生态系统的毒性。土壤微生物的生长代谢活动是驱动土壤元素循环和有机污染物降解的主要动力，也是反映土壤健康状况的重要指标。生物质炭的上述正面作用可以是通过促进微生物生长代谢活动来实现的。而目前人们对生物质炭影响烟草黑胫病发生的认识仍不全面，不利于烟草黑胫病的防治。笔者通过在培养基中加入不同比例的生物质炭，观察其对烟草黑胫病菌的影响，并探讨生物质炭对烟草黑胫病菌产生影响的机理，以期为生物质炭的合理化应用和烟草黑胫病的相关研究及综合治理提供理论依据。

（一）试验材料与方法

1. 材料

供试烟草、菌株及生物质炭：烟草品种是小黄金 1025，由中国农业科学院烟草研究所提供。烟草黑胫病菌（*Phytophthora parasitica* var. *nicotianae*，0 号小种），由中国农业科学院烟草研究所保存。稻壳炭（S）是从市场购买（制备温度 300℃），烟草秸秆炭（C）由课题组自制，基本理化性质见表 3-2，试验前生物质炭研磨过 0.5 mm 筛。

表 3-2　生物质炭的基本理化性质

生物质炭	pH	有机碳/$(g \cdot kg^{-1})$	全氮(N)/$(g \cdot kg^{-1})$	全磷(P)/$(g \cdot kg^{-1})$	全钾(K)/$(g \cdot kg^{-1})$	钙/$(g \cdot kg^{-1})$	镁/$(g \cdot kg^{-1})$	交换性钠/$(cmol \cdot kg^{-1})$	C/N
烟草秸秆炭	10.32	170.94	10.42	1.93	33.2	21.9	7.24	1.01	16.4
稻壳炭	8.09	331.43	4.06	1.36	13.5	3.3	1.55	1.36	81.63

试剂：盐酸、氢氧化钠、琼脂粉均为国药分析纯，购于青岛赛尚科贸有限公司；燕麦片为超市购买的常规即食燕麦片。

仪器：NIKON Eclipse E100 双目显微镜，上海普赫光电科技有限公司；超净工作台，无锡一净净化设备有限公司；Panasonic 高压蒸汽灭菌锅（MLS-3751L-PC），松下健康医疗器械株式会社；BINDER 生化培养箱，德国 Binder 有限公司；酸度计（pH 计），赛多利斯科学仪器（北京）有限公司。

2. 培养基配制

燕麦培养基：燕麦片 33 g，琼脂粉 18 g，去离子水 1 000 mL。

3. 方法

（1）生物质炭对黑胫病菌菌丝生长的影响

在配置燕麦培养基的过程中加入不同比例的炭（0、2.5、5.0、10.0、20.0 g/L），并测定相应的 pH。配制完成后，在高压灭菌锅内调 121℃，进行高压灭菌 20 min，之后倒入无菌培养皿（直径 9 cm），将事先生长较好的活化菌株的菌落用直径为 5 mm 的灭菌打孔器打孔取边缘菌饼，接种于燕麦平板培养基中央，28℃恒温黑暗条件下培养，每个处理设 5 次重复。

每天观察测量 1 次，采用十字交叉法测定菌落直径并做好记录，直到菌丝长满培养皿为止。以培养 2 d 的菌落直径变化计算黑胫病菌菌丝的生长速率及抑制率。

生长速率（cm/d）=1/2 ×（菌落直径 − 菌饼直径）/ 培养时间

抑制率（%）=(对照菌落直径 − 处理菌落直径)/(对照菌落直径 − 菌饼直径)× 100%

（2）pH 和炭的吸附性及毒性物质对黑胫病菌菌丝生长的影响

pH 对黑胫病菌菌丝生长的影响：在配置燕麦培养基的过程中，用 0.1 mol 的 HCl 或 NaOH 溶液按照表 3−2 调节培养基的酸碱度，灭菌后进行接菌实验，同上。

炭的吸附性及毒性物质(A&T)对黑胫病菌菌丝生长的影响：在配置燕麦培养基的过程中加入不同比例的炭（0、2.5、5.0、10.0、20.0 g/L），用 0.1 mol 的 HCl 或 NaOH 溶液将变化的 pH 调回初始值（不加炭的培养基所对应的 pH）。灭菌后进行接菌实验，同上。

（3）生物质炭对黑胫病菌菌丝形态的影响

培养结束后，挑取黑胫病菌菌丝置于载玻片上，在显微镜下观察菌丝形态的变化，并拍照记录。

（4）生物质炭对黑胫病防治效果的盆栽试验

菌谷准备：将谷子加水煮开至半数谷粒呈开花状，装入 500 mL 三角瓶中，121℃高压灭菌 20 min。在无菌条件下，取 1 cm × 1 cm 的烟草黑胫病菌菌块转接到盛有菌谷的三角瓶中，28℃培养 14 d 备用。

菌土准备：将灭菌的土壤与稻壳炭按不同比例（0、1%、2%、4%、10%、20%）混合，装入直径 9 cm、高 7 cm 的花盆中，先装 3/4 的混合土，均匀加入菌谷 0.5 g/ 盆，将剩余 1/4 的混合土填满，浇透水，置于人工气候室内一个月，保持高温高湿。

移栽：将苗龄 60 d 左右的烟苗移栽到花盆中，每盆一株。每个处理 10 盆，重复 3 次，置于人工气候室培养，白天 30℃、黑夜 28℃，光照

12 h、黑暗 12 h，相对湿度 95%，移栽后于第 5、7、9 天调查烟苗的发病级数，并进行记录，计算病情指数和防治效果。

4. 数据分析

试验数据采用 Excel 及 SAS 9.2 统计软件进行数据统计与分析，$\alpha=0.05$ 水平下进行 Duncan's 多重比较。

（二）试验结果分析

1. 生物质炭对烟草黑胫病菌菌丝生长的影响

（1）对黑胫病菌菌落直径的影响

在燕麦培养基中加入生物质炭后，黑胫病菌菌落直径减小。随着加炭比例由 2.5 g/L 增加到 20.0 g/L，菌落直径迅速下降。与 CK 相比，第 1、2、3 天加不同比例烟草秸秆炭处理的黑胫病菌菌落直径分别减少 0.48 ~ 0.82 cm、0.81 ~ 1.54 cm、0.35 ~ 1.63 cm，加入不同比例稻壳炭处理的菌落直径分别减少 0.59 ~ 0.76 cm、0.77 ~ 1.35 cm、0.47 ~ 0.99 cm。两种生物质炭对黑胫病菌菌落直径的降低作用显著。生物质炭对黑胫病菌菌落直径的影响如表 3-3 所示。

表 3-3 生物质炭对黑胫病菌菌落直径的影响

培养时间	加炭比例	黑胫病菌菌落直径变化 /cm	
		烟草秸秆炭	稻壳炭
第 1 天	0	2.40 ± 0.10 a	2.40 ± 0.10 a
	2.5	1.83 ± 0.12 bc	1.75 ± 0.07 bc
	5.0	1.92 ± 0.21 b	1.81 ± 0.10 b
	10.0	1.68 ± 0.10 cd	1.65 ± 0.17 c
	20.0	1.58 ± 0.16 d	1.64 ± 0.07 c
第 2 天	0	5.88 ± 0.06 a	5.88 ± 0.06 a
	2.5	5.02 ± 0.08 b	5.27 ± 0.17 b
	5.0	5.07 ± 0.14 b	5.11 ± 0.20 b
	10.0	4.58 ± 0.13 c	4.82 ± 0.26 c
	20.0	4.34 ± 0.30 d	4.53 ± 0.21 d
第 3 天	0	7.72 ± 0.17 a	7.72 ± 0.17 a
	2.5	7.40 ± 0.19 a	7.24 ± 0.14 b
	5.0	7.37 ± 0.26 a	7.25 ± 0.18 b
	10.0	6.60 ± 0.18 b	7.07 ± 0.25 b
	20.0	6.09 ± 0.46 c	6.73 ± 0.32 c

（2）对黑胫病菌菌丝生长速率和抑制率的影响

烟草秸秆炭对黑胫病菌菌丝生长速率的影响见图 3-3（a）。与 CK 相比，加炭处理的菌丝生长速率均有不同程度的下降，随着加炭比例由 2.5 g/L 增至 20 g/L，菌丝生长速率降低幅度为 15.56% ~ 28.89%。在燕麦培养基中加入稻壳炭降低了菌丝的生长速率［图 3-3（b）］。与 CK 相比，菌丝生长速率随加炭比例的增加呈逐渐降低的趋势，降低幅度为 11.85% ~ 25.19%，差异显著。因此，生物质炭能降低黑胫病菌菌丝生长速率，随加炭比例增加降低效果显著。

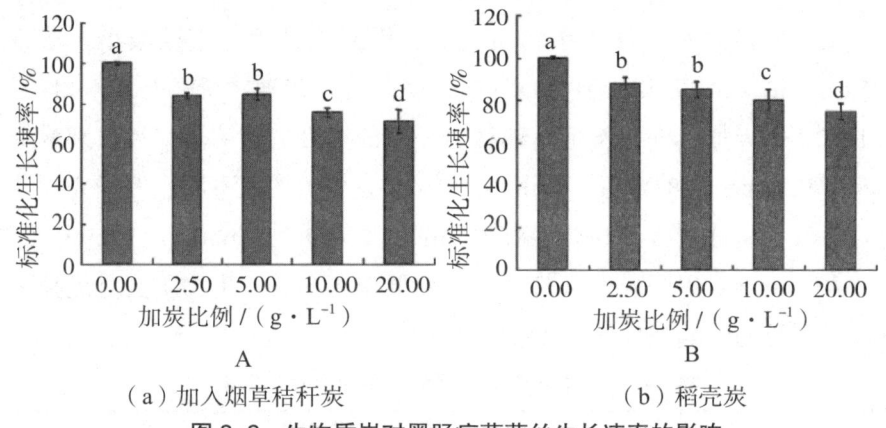

（a）加入烟草秸秆炭 　　　　（b）稻壳炭

图 3-3　生物质炭对黑胫病菌菌丝生长速率的影响

生物质炭对黑胫病菌菌丝的抑制率如表 3-4 所示。由表可知，在培养基中加入不同比例的烟草秸秆炭对黑胫病菌菌丝生长有一定的抑制作用，随加炭比例的增加抑制效果明显。烟草秸秆炭对黑胫病菌生长的抑制率由加炭比例 2.5 g/L 的 15.06% 变化至加炭比例 20 g/L 的 28.62%，不同处理间差异显著。同样的，随着稻壳炭比例的增加病菌生长抑制率由 11.34% 变化至 25.09%，抑制效果显著。

表 3-4　生物质炭对黑胫病菌菌丝的抑制率

加炭比例 /（g·L⁻¹）	烟草秸秆炭抑制率 /%	稻壳炭抑制率 /%
0	—	—
2.5	15.99 ± 0.57 c	11.34 ± 0.68 d
5.0	15.06 ± 0.35 c	14.31 ± 0.59 c
10.0	24.16 ± 1.00 b	19.70 ± 1.09 b
20.0	28.62 ± 1.09 a	25.09 ± 0.62 a

综上所述，在培养基中加入生物质炭后，通过对黑胫病菌菌落直径、菌丝生长速率、病菌生长抑制率的分析，可以得知生物质炭对黑胫病菌菌丝的生长有抑制作用，且这种作用随着加炭量的增加更为显著。

2.pH 和炭的吸附性及毒性物质（A&T）对黑胫病菌菌丝生长的影响

（1）对黑胫病菌菌落直径的影响

第一，pH 对黑胫病菌菌落直径的影响。在培养初期，不同比例的烟草秸秆炭对应 pH 对菌落直径的影响呈先减小后增加的趋势，调节 pH 处理的菌落直径均小于 CK 处理；培养第 3 天 pH 对黑茎病菌菌落直径的影响不大，差异不显著。除了加炭比例为 10 g/L 对应的 pH 对菌落直径有抑制外，其他处理的菌落直径均高于 CK 的菌落直径。因此，调节培养基的 pH 在初期对菌丝的生长有一定的抑制作用，但随着培养时间的变化，这种抑制效果不明显，可能与培养基的空间有限，后期菌丝与培养基接触较少有关，pH 对黑胫病菌菌落直径的影响如表 3–5 所示。

由表 3–5 可知，调节培养基的 pH（稻壳炭对应的 pH）对黑胫病菌菌落直径有显著的抑制作用。培养前两天，黑胫病菌菌落直径随着 pH 的升高呈逐渐减小的趋势，与对照相比，分别降低了 0.39、0.29、0.33、0.37 cm 和 0.44、0.52、0.57、0.60 cm。在第 3 天，对应的 pH 对菌落直径无显著差异，平均值为 7.60 cm。

表 3–5　pH 对黑胫病菌菌落直径的影响

培养时间	烟草秸秆炭			稻壳炭		
	加炭比例 /（g·L⁻¹）	对应 pH	菌落直径 /cm	加炭比例 /（g·L⁻¹）	对应 pH	菌落直径 /cm
第一天	0	6.22	2.40 ± 0.10 a	0	6.22	2.40 ± 0.10 a
	2.5	7.17	2.32 ± 0.22 ab	2.5	6.63	2.01 ± 0.30 b
	5.0	7.76	2.31 ± 0.13 ab	5.0	6.90	2.11 ± 0.27 b
	10.0	8.42	2.11 ± 0.32 b	10.0	7.23	2.07 ± 0.21 b
	20.0	8.89	2.37 ± 0.12 a	20.0	7.48	2.03 ± 0.24 b

续表

培养时间	烟草秸秆炭			稻壳炭		
	加炭比例 / （g·L⁻¹）	对应 pH	菌落直径 /cm	加炭比例 / （g·L⁻¹）	对应 pH	菌落直径 /cm
第二天	0	6.22	5.88 ± 0.06 a	0	6.22	5.88 ± 0.06 a
	2.5	7.17	5.68 ± 0.39 ab	2.5	6.63	5.44 ± 0.40 b
	5.0	7.76	5.59 ± 0.19 ab	5.0	6.90	5.36 ± 0.34 b
	10.0	8.42	5.41 ± 0.41 b	10.0	7.23	5.31 ± 0.23 b
	20.0	8.89	5.71 ± 0.11 ab	20.0	7.48	5.28 ± 0.38 b
第三天	0	6.22	7.72 ± 0.17 a	0	6.22	7.72 ± 0.17 a
	2.5	7.17	7.89 ± 0.22 a	2.5	6.63	7.73 ± 0.28 a
	5.0	7.76	7.88 ± 0.18 a	5.0	6.90	7.71 ± 0.27 a
	10.0	8.42	7.68 ± 0.21 a	10.0	7.23	7.77 ± 0.14 a
	20.0	8.89	7.91 ± 0.08 a	20.0	7.48	7.73 ± 0.24 a

第二，炭的吸附性及毒性物质（A&T）对黑胫病菌菌落直径的影响。生物质炭的吸附性及毒性物质（A&T）对黑胫病菌菌落直径的影响如表3-6所示。

表 3-6 生物质炭的吸附性及毒性物质（A&T）对黑胫病菌菌落直径的影响

培养时间	烟草秸秆炭		稻壳炭	
	加炭比例 / （g·L⁻¹）	菌落直径 /cm	加炭比例 / （g·L⁻¹）	菌落直径 /cm
第 1 天	0	2.40 ± 0.10 a	0	2.40 ± 0.10 a
	2.5	2.12 ± 0.10 b	2.5	1.73 ± 0.09 d
	5.0	2.19 ± 0.10 b	5.0	2.03 ± 0.12 bc
	10.0	2.08 ± 0.10 b	10.0	2.13 ± 0.14 b
	20.0	1.84 ± 0.17 c	20.0	1.91 ± 0.15 c

续表

培养时间	烟草秸秆炭		稻壳炭	
	加炭比例 / （g·L⁻¹）	菌落直径 /cm	加炭比例 / （g·L⁻¹）	菌落直径 /cm
第 2 天	0	5.88 ± 0.06 a	0	5.88 ± 10.06 a
	2.5	5.29 ± 0.10 b	2.5	4.96 ± 0.18 d
	5.0	5.25 ± 0.17 b	5.0	5.22 ± 0.17 bc
	10.0	4.94 ± 0.17 c	10.0	5.39 ± 0.14 b
	20.0	4.51 ± 0.08 d	20.0	5.17 ± 0.10 c
第 3 天	0	7.72 ± 0.17 a	0	7.72 ± 0.17 a
	2.5	7.74 ± 0.16 a	2.5	6.99 ± 10.20 b
	5.0	7.69 ± 0.26 a	5.0	7.59 ± 0.26 a
	10.0	7.20 ± 0.22 b	10.0	7.50 ± 0.18 a
	20.0	6.58 ± 0.16 c	20.0	7.22 ± 0.14 b

由表 3-6 可知，培养前两天，与 CK 相比，烟草秸秆炭的吸附性及毒性物质（A&T）显著降低了黑胫病菌菌落直径，直径分别减少 0.28、0.21、0.32、0.56 cm 和 0.59、0.63、0.94、1.37 cm。培养第 3 天，与 CK 相比，除加入 2.5 g/L 和 5 g/L 的烟草秸秆炭的处理外，其他处理均显著降低菌落直径。

稻壳炭的吸附性及毒性物质（A&T）显著减小了黑胫病菌菌落直径，且随着比例的增加呈显著降低的趋势。与 CK 相比，培养前两天，稻壳炭经过吸附性和毒性物质处理的菌落直径分别减少了 0.67、0.37、0.27、0.49 cm 和 0.96、0.66、0.49、0.71 cm。加炭比例为 2.5 g/L 的菌落半径减小幅度大于加炭比例为 20 g/L 的处理，其原因可能是与外界操作不当或者取菌饼时菌丝活力很弱有关。培养第三天，相比于 CK，加炭比例为 2.5 g/L 和 20 g/L 的黑胫病菌菌落直径显著减小，分别减少了 0.73、0.50 cm。

（2）对黑胫病菌菌丝生长速率的影响

第一，pH 对黑胫病菌菌丝生长速率的影响。调节培养基的 pH 对黑胫病菌菌丝生长速率的影响见图 3-4（a）和 3-4（b）。与 CK 相比，菌丝的生长速率随着 pH 的升高而降低，调节烟草秸秆炭对应的 pH 和稻壳炭对应的 pH 降低幅度分别为 3.7%、5.93%、8.89%、3.7% 和 8.15%、9.63%、11.1%、11.1%，平均值为 5.56% 和 10.00%。说明调节培养基的 pH 对黑胫病菌菌丝的生长有一定的抑制作用。

不同比例的烟草秸秆炭对应的 pH 高于稻壳炭对应的 pH，但是调节烟草秸秆炭对应的 pH 对菌丝生长速率降低幅度小于稻壳炭对应 pH 的变化幅度，其原因还有待进一步探讨。

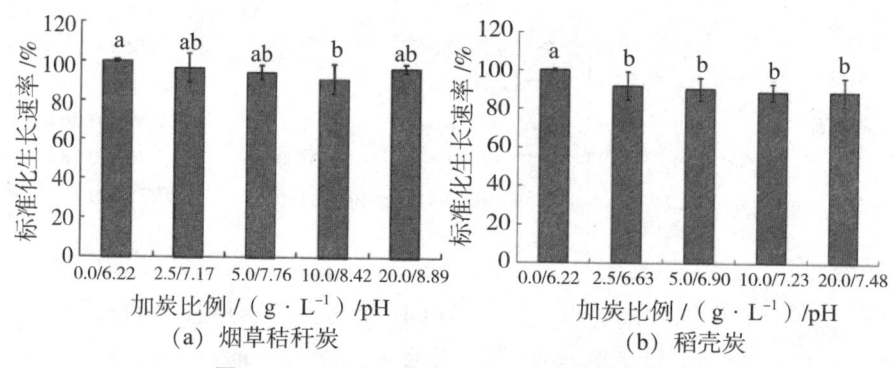

（a）烟草秸秆炭　　　　（b）稻壳炭

图 3-4　pH 对黑胫病菌菌丝生长速率的影响

第二，炭的吸附性及毒性物质（A&T）对黑胫病菌菌丝生长速率的影响。由图 3-5（a）可知，烟草秸秆炭的 A&T 降低了黑胫病菌菌丝的生长速率，与 CK 相比，不同加炭比例处理的菌丝生长速率降低了 11.11% ~ 25.93%，差异显著。同样的，由图 3-5（b）可知，与 CK 相比，不同比例的稻壳炭的 A&T 降低了菌丝的生长速率降低幅度分别为 17.04%、12.04%、9.63%、13.33%，降低效果显著。

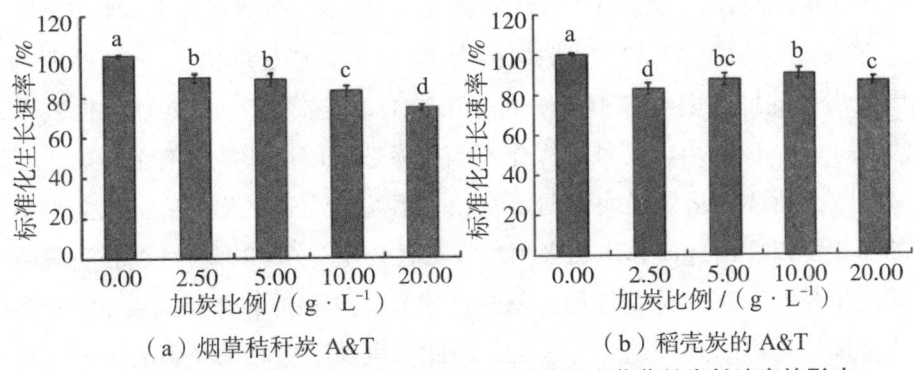

（a）烟草秸秆炭 A&T　　　　　（b）稻壳炭的 A&T

图 3-5　炭的吸附性及毒性物质（A&T）对黑胫病菌菌丝生长速率的影响

（3）对黑胫病菌生长抑制率的影响

第一，pH 对黑胫病菌生长抑制率的影响。在培养基中，调节烟草秸秆炭和稻壳炭对应的 pH 对黑胫病菌菌丝的生长产生一定的抑制作用。随着培养基 pH 的升高，抑制率的变化幅度分别为：3.16% ~ 8.74% 和 8.18% ~ 11.15%，平均值为 5.25% 和 9.90%。从总体来看，虽然抑制率波动不大，仍随着培养基 pH 的升高呈增加趋势。pH 和炭的吸附性及毒性物质（A&T）对黑胫病菌生长抑制率的影响如表 3-7 所示。

表 3-7　pH 和炭的吸附性及毒性物质（A&T）对黑胫病菌生长抑制率的影响

加炭比例 /（g·L⁻¹）	对应 pH	烟草秸秆炭抑制率 /%		加炭比例 /（g·L⁻¹）	对应 pH	稻壳炭抑制率 /%	
		pH	A & T			pH	A & T
0	6.22	—	—	0	6.22	—	—
2.5	7.17	3.72 ± 0.73 c	10.97 ± 0.74 c	2.5	6.63	8.18 ± 0.43 c	17.10 ± 0.70 a
5.0	7.76	5.39 ± 0.19 b	11.71 ± 1.21 c	5.0	6.90	9.67 ± 0.44 b	12.27 ± 0.51 b
10.0	8.42	8.74 ± 0.57 a	17.47 ± 1.10 b	10.0	7.23	10.59 ± 0.71 a	9.11 ± 0.40 c
20.0	8.89	3.16 ± 0.28 c	25.46 ± 1.53 a	20.0	7.48	11.15 ± 0.55 a	13.2 ± 1.93 b

第二，炭的吸附性及毒性物质（A&T）对黑胫病菌生长抑制率的影响。由表 3-7 可知，烟草秸秆炭和稻壳炭的吸附性及毒性物质（A&T）对黑胫病菌菌丝的生长产生了抑制作用。在烟草秸秆炭的 A&T 试验中，抑制率变化幅度为 10.97% ~ 25.46%，平均值为 16.40%。病菌生长抑制率随加炭比例的增加呈现增加的趋势，这与正常的添加生物质炭的试验规律一致。

在稻壳炭A&T试验中，随着加炭比例的增加，抑制率分别为17.10%、12.27%、9.11%、13.20%，平均值为12.29%。加稻壳炭2.5 g/L 处理对黑胫病菌的抑制率（17.10%）高于正常加稻壳炭2.5 g/L 处理的抑制率（11.34%），原因可能与外界操作不当或者选取菌饼的活力有关。

综上所述，从黑胫病菌菌落直径、菌丝生长速率及病菌生长抑制率的变化可以看出，pH 和炭的吸附性及毒性物质（A&T）均对黑胫病菌菌丝的生长有一定的抑制作用。从总体来看，这种抑制作用随着 pH 升高或者加炭比例的升高越来越显著，因此，生物质炭对黑胫病菌菌丝生长的抑制作用主要源于两个方面：pH 和炭的吸附性及毒性物质（A&T）。

3. 镜检

培养过程中，与对照相比，处理后的烟草黑胫病菌菌丝生长比较缓慢。在 10×40 倍的显微镜下观察发现，与正常的菌丝相比，高加炭比例的处理（10 g/L 和 20 g/L）菌丝出现畸形，菌丝膨大体明显增多，且菌丝分支很多，但大多短小，部分出现断裂，原生质外泄的现象。

4. 生物质炭对烟草黑胫病的盆栽防治效果

移栽后 5 d 调查烟苗的发病情况，无施炭处理的烟苗出现明显的发病症状，随着施炭量的增加，烟苗发病程度依次显著降低，降低幅度为5.96% ~ 24.65%。同样的，与对照相比，移栽后第7天和第9天调查烟苗的病情指数随施炭量的增加呈降低趋势，降低幅度分别为 4.59% ~ 32.38%和3.15% ~ 33.75%，减轻病害发生程度效果显著。在调查期间，生物质炭对烟草黑胫病的防治效果随着施炭比例的增加呈增加趋势。在第5、7、9天，不同比例的生物质炭处理对烟草黑胫病的防治效果分别为14.71% ~ 60.89%、7.75% ~ 54.73%、4.35% ~ 45.66%，随施炭比例增加而增加。以上结果表明施加一定量的生物质炭对烟草黑胫病有一定的防治效果，能有效减轻烟草黑胫病的发病程度。

综上所述，生物质炭能显著减小菌落直径，降低菌丝的生长速率，抑制黑胫病菌菌丝的生长，这种抑制作用随生物质炭比例的增加越来越显著。通过镜检发现，高比例生物质炭处理的菌丝形态出现畸形，菌丝膨大体明显增多，分支很多，部分出现断裂，原生质外泄。

通过 pH 和炭的吸附性及毒性物质（A&T）实验，说明了生物质炭影响黑胫病菌生长的机理有两个方面：一方面是 pH，生物质炭的加入改变了培养基的 pH 进而影响了黑胫病菌的生长。另一方面是生物质炭的吸附性及毒性物质（A&T）抑制了黑胫病菌菌丝的生长。

　　与对照相比，施加不同比例的生物质炭在 9 d 后对烟草黑胫病的盆栽防治效果为 4.35% ~ 46.55%，差异显著。表明施加一定量的生物质炭对烟草黑胫病有较好的防治效果，能有效减轻烟草黑胫病的发病程度。

第四章 烟草根茎部常见病害调控技术的原理与措施

第一节 烟草根茎部病害的调控原理

一、科学用药

科学用药技术是以专业化植物服务队为技术落实主体，开展烟草病害减量化精准施药技术。由烟草合作社统一采购高效、低毒、低残留、环境友好型农药，根据预测预报及施药作业指导意见统一用药。根据烟草不同生育期，结合天气条件，病虫害发生情况开展农药轮换使用、交替使用、精准使用和安全使用等配套技术，使用静电喷雾器、低容量喷雾器、高效风送式喷雾器统一作业。在使用该技术对烟草根茎病害进行调控时，要注意遵循的原则有，对症用药、适期用药、足量用药以及科学轮换或混配用药等。

二、生态控制

生态控制是一种最基础的烟草病虫害防治措施，包括选育抗虫抗病品种、翻耕整地、合理轮作、适时移栽、保健栽培、合理施肥、精准使用农药、田间管理等措施。

选育抗虫抗病品种：烟草对病虫害都有一定的天然抵抗力，选育并种植具有抗病抗虫特性的品种能够减少农药的使用，降低农药残留，是一种经济安全的防控病虫害的措施。

翻耕整地：翻耕整地可以改善土壤结构，切断真菌、细菌传播途径，消除害虫繁殖场所。同时，深耕翻土能够将害虫虫卵及幼虫暴露在土壤表面或填埋于土壤深层，通过天敌捕食、高温暴晒、填埋窒息等方式降低虫口数量。翻耕深度也会显著影响作物发病率。深翻不仅不利于抑制青枯病的发生，随着翻耕深度增加反而会使青枯病的发病风险增大。研究表明，青枯病的发病率与土壤 pH 呈正相关，与土壤有机质、速效氮、有效态铁锰以及交换性镁含量呈显著负相关。翻耕配合施用生物质炭能显著降低青枯病发病率，这可能与生物炭改良土壤透气性及理化性质有关。

合理轮作：长时间套作种植单一作物会带来土壤养分失衡、病虫害盛行、烟叶产质量下降等问题。合理的轮作、套作模式不仅可以高效利用自然资源，提高田间生物多样性和复种指数，还能够在一定程度上提高土壤养分含量，改善作物品质。"年中间作，年间就地轮作"模式能显著降低青枯病发病率，烤烟产量、产值也得到显著提高。部分间作植物的分泌物还具有杀菌抑虫、诱导植物产生防卫反应的作用，如大蒜、玫瑰花在生长代谢过程中能够通过根系分泌一些具有杀菌效果的有机代谢产物，如烯丙基甲基二硫醚和苯并噻唑能抑制黑胫病菌菌丝生长或者释放醇类和酯类等有机物质诱导烟草叶片产生防卫反应蛋白来增强抗病性。菽麻分泌的杀线虫活性物质和蛔蒿分泌的茴蒿素对害虫具有毒杀、拒食作用。间套作模式不仅可以发挥"物理屏障"的作用阻碍或延缓昆虫介体和病菌传播，还能够通过改善田间昆虫种群结构，丰富田间生物多样性，保护天敌昆虫。

保健栽培：适时移栽无病壮苗是防止病虫害发生和传播的重要举措之一，有利于降低烟株根茎类病害发生率。控施氮肥、增施磷钾肥及中微量元素肥料，能提高作物的抗病抗虫性。研究表明，烟株抗病抗虫性的提高可能是烟叶吸收的钾元素增多使细胞壁增厚所致。郑世燕等研究表明，增施 Mo 对提高烟草抗青枯病能力效果最好，其次为 Ca。这可能是因为 Mo 在氮素代谢中发挥了重要作用，使植物体内的 POD、CAT、PPO 和抗坏血酸酶活性提高，提高了抗病性；而 Ca 可能是通过提高植物细胞壁稳定性，降低多聚半乳糖醛酸酶活性增强抗病性。

除此之外，良好的栽培及田间管理措施也是绿色生产必需的。于会泳等研究发现，烟草团棵期发病率与起垄高度和种植深度有关，垄高 40 cm，深度为 6 cm 时发病率最低。保持田间通风透光，及时清理田间杂草、烟杆残体等废弃物也有助于预防病虫害的发生。

三、生物防治

首先，生物防治技术主要是通过引进病虫害天敌、基因工程技术、昆虫信息素、生物农药等技术来防治病虫害。利用病虫害的天敌来对病虫害进行捕杀，根据以往对病虫害的防治经验研究发现，烟草病虫害的天敌大约有 200 种，其中有 100 种昆虫是对人畜无害的，因此，这些昆虫都可用于烟草病虫害的防治工作。例如，根据云南大理地区的研究结果显示，该地区经常放养的昆虫主要有七星瓢虫、小花蝽、烟蚜茧蜂等，可以捕食烟青虫、烟蚜，在放养病虫害天敌前，必须了解病虫害对应的昆虫类型，否则无法取得理想的防治效果。与此同时，还要充分掌握害虫的繁殖规律，在害虫大面积繁殖前需要投放适量害虫天敌，这样防治效果才会更加理想。

其次，基因工程技术是一项比较先进的技术，通过应用最新技术、设备，可以让病虫害的防治工作取得更好的效果。近年来，云南烟草协会与科研机构、当地高校等积极联合后研发了一项烟草种植防治病虫害基因工程技术，目前已经取得了多项成果。例如，花叶蛋白可以有效抵抗花叶病，如果将花叶蛋白通过技术手段转入到正常烟草中，就可以增强烟草对花叶病的抵抗能力。经过基因改良的烟草，其抗虫能力也会明显增强。如果在烟草植株中加入蛋白酶抑制基因，可以杀死一些寄生虫、病菌。

再次，利用昆虫信息素的方式来防治害虫，也是近年来快速发展的一项技术。昆虫信息素可以对昆虫之间的信息传播激素形成干扰，目前主要有生物昆虫信息素、人工合成信息素两种，其中人工合成的性诱剂在烟草种植过程中应用较为广泛。释放人工合成的性诱剂后，害虫的性别识别能力会被严重干扰，从而影响害虫正常交配和繁殖，可以有效控制害虫的数量。这种信息素的防治方法操作便捷，针对性也较强，防治效果非常明显，而且不会对生态环境造成严重破坏。

最后，生物农药与普通化学药物的最大差别就是不会直接杀死害虫，而是对害虫的生长发育造成干扰，这种防治效果也较为明显。要先对烟草喷洒生物农药，当虫卵接触到生物农药后会影响虫卵的正常发育，虫卵会逐渐畸形或者死亡。例如，在防治蚜虫时，可以使用苦楝、山海棠、苦参、百部、鱼藤、泽漆等药剂，防治效果最高可达92%。如果将上述药物制成混合液，防治效果会更加明显。

第二节　烟草根茎部细菌病害调控技术

一、青枯病调控技术

（一）生态控制技术

1. 合理轮作

烟田合理轮作是防治烟草青枯病的诸多生态控制技术中最为经济有效的措施。针对该病菌为好气性细菌，而且不危害禾本科植物的特点，可实行稻—稻—烟的隔年水旱轮作。旱地烟的轮作间隔年限至少是3年，轮作作物最好选用禾本科作物及甘薯、大豆、红豆、绿豆等，勿与马铃薯、番茄、辣椒、茄子、花生、芝麻及姜类等作物轮作。彭怀俊等的研究结果表明，烤烟根际土壤中青枯菌的数量与病情指数呈显著的正相关关系；实行隔年水旱轮作或间隔3年以上的轮作，烟草青枯病发生较轻。

烟草种植不同前作，作物遗留下来的土壤环境的不同，导致不同前作对土壤烟草青枯病菌数量、病情指数和防治效果的差异不同。方树民等的研究表明，土壤烟草青枯病菌数量和病情指数趋势相同，均表现为玉米＜甘薯＜大蒜＜花生＜大豆，对烟草青枯病的防控效果表现为玉米＞甘薯＞大蒜＞花生＞大豆。

2. 合理间作

合理间作对烟草青枯病具有显著的防控效果。时安东等的研究显示，烤烟间作花生的烟草青枯病发病率和病情指数分别为33.3%和24.82，烤烟间作甘薯的烟草青枯病发病率和病情指数分别为34.2%和29.25，烤烟单作的烟草青枯病发病率和病情指数分别为44.7%和39.05。结果表明，烤烟间作花生或烤烟间作甘薯能显著改善烤烟根际土壤环境，抑制烟草青枯病菌的生长繁殖和传播。

3. 种植抗病品种

种植抗病品种是控制烟草青枯病最经济有效的根本措施，我国生产上推广种植的 NC82、中烟 90、岩烟 97、云烟 87、云烟 85 等品种对烟草青枯病的耐抗性较强，重病区可根据当地情况选择种植。潘建菁等对 85 份烟草种质进行烟草青枯病抗性鉴定，结果表明，抗病（R）10 份、中抗（MR）24 份、中感（MS）23 份、感病（S）14 份、高感（HS）14 份，其中 NC82、K326 品种对烟草青枯病的耐抗性较强。

烟草品种的抗性强弱受多方面因素制约，一个抗病品种往往在最初几年表现抗病，但随着种植年限延长，病菌致病力改变，抗性将逐年丧失，如 K326。此外，有的品种在甲地表现抗病，在乙地则表现感病，如 G28 在国外被认为是抗性较强的，但在国内则属感病型。因此，各地要根据该地生态条件选育出适宜各地的抗烟草青枯病品种。

4. 合理施肥

烟草青枯病原菌对酰胺态氮（尿素）利用好，且与铵态氮（硫酸铵）和硝态氮（硝酸钠、硝酸钾、硝酸钙）利用差异显著；但病菌对铵态氮和硝态氮利用差异不显著；在烟田施肥时一定要避免施用酰胺态氮，尽量少施用铵态氮，最好采用硝态氮。

烟草青枯病是典型的维管束病害，硝酸钾可以促进烟株维管组织的生长，增强烟株的抗逆性。有学者认为，适当提高钾肥施用量可以减轻烟草青枯病的发生。

锌、铜、硼、钼和硅等微肥，既能增加烟株抗逆性，又能减少青枯雷尔氏菌数量，是防治烟草青枯病的有效措施。有学者认为，适量补充锌、铜微肥能有效缓解青枯病给烟叶带来的危害。有学者的实验结果表明，在保证病株正常生长营养的基础上增施钙、硼、镁、钼四种矿质元素可增强烟草对青枯病的防御能力并提高其抗青枯病的特性，可在一定程度上推迟、延缓青枯病的发病。有的学者为明确硅肥对烟草青枯病的抗性效果及其作用机制，采用田间试验研究了烟草云烟 87 品种施用硅酸钠对青枯病发病率、病情指数和烟叶膜脂过氧化的影响，结果表明，施用硅酸钠可降低烟草青枯病的发病率和病情指数，烟苗移栽后 90 d 和

100 d，硅酸钠处理的烟株发病率分别较不施用硅肥的对照（CK）下降13.14% 和 12.08%，病情指数分别下降 23.34% 和 21.26%，与 CK 间差异均达到极显著水平；随着青枯病发病时间的延长和发病程度的提高，烟草叶片中 H_2O_2 和丙二醛（MDA）含量增加，细胞膜透性和 K^+ 外渗量增加；施用硅酸钠可显著降低烟草 H_2O_2 累积和 MDA 含量，减轻青枯病胁迫对烟草叶片的膜伤害，同时显著降低烟草超氧化物歧化酶（SOD）和过氧化物酶（POD）的活性，提高过氧化氢酶（CAT）的活性。

微生态调节将生态学原理应用于病害的防治，是一种病害防治的新思维、新途径。合理施用有机肥，可改善和修复土壤生态环境，提高土壤和烟株自身抗御病害的能力，减少肥料和化学农药使用，改善烟叶品质和实现烟叶生产的可持续发展。有学者的研究表明，使用堆沤肥的土壤对青枯病的发生具有一定的抑制作用，可推迟烟草青枯病始发病期，降低发病程度。有学者在烟草移栽时穴施不同生态炭肥，研究了生态炭肥对烟草青枯病的防治效果，并分析生态炭肥处理对烟苗移栽后根围土壤有机碳含量、土壤淀粉酶、蔗糖酶、纤维素酶活性以及土壤可培养细菌数量的影响。结果表明：施用生态炭肥能显著增强烟株根围土壤淀粉酶、蔗糖酶、纤维素酶活性，提高土壤可培养细菌数量和有机碳含量，显著提高烟株对青枯病的抗性；土壤有机碳含量与土壤可培养细菌数量、纤维素酶、蔗糖酶和淀粉酶活性均存在较高正相关，且随着烟株生长其相关性逐步增强，而青枯病病情指数则与上述 5 个测定指标呈显著负相关；烟草移栽时穴施生态炭肥 40 kg/ 亩对烟草青枯病的防控效果达 85%以上。有学者运用荧光定量 PCR 方法，研究了生物有机肥对盆栽烟草根际青枯病原菌和拮抗菌动态变化的影响。结果表明，添加有短芽孢杆菌的生物有机肥能抑制土壤青枯菌的增长和促进植物生长。在植烟土壤施用一些外源物质可以改良烟草根际土壤，对烟草青枯病有明显的防控作用。此外，还有学者认为，在酸性土壤中施用生石灰 50 ～ 200 kg/ 亩（根据 pH 值调控），可减少青枯病病菌传播机会，对烟草青枯病有明显的防控作用。根据相关学者的研究结果表明，施用草木灰 300 ～ 1 200 kg/ 亩，有利于改善植烟土壤环境，提高土壤 pH 值，增加土壤中放线菌数量，降低土壤中青枯病病原菌数量，对烟草青枯病的防控效果达

49.30% ~ 69.03%。

5. 适宜移栽

烟苗移栽时期、移栽方式和移栽密度等均影响烟草青枯病的发生。有研究结果表明,移栽期提前或推迟均加重烟草青枯病的发生;适宜移栽时期可使烟苗避开发病高峰时期,有效防治烟草青枯病。

有学者研究了带营养土高茎深栽、穴窝深栽和常规移栽方式对烟草青枯病发病率的影响。结果表明,穴窝深栽可降低青枯病的发病率,加快烟苗返苗,促进大田前期根系发育,有利于打顶后各项农艺性状指标的优化,且节省移栽环节用工成本,提高烟叶生产质量。此外,烤烟移栽密度较大和较小时,烟草青枯病发病程度都增加;烤烟移栽密度为1 200株/亩时烟草青枯病发病程度最低。分析其原因,可能是青枯病随着烤烟移栽密度的增加,除了根系和叶片接触感染病害的机会增加,发病程度都增加外,一定的移栽密度又使叶面积系数增加,减少了大田后期阳光对垄体的直接照射和雨水对垄体的直接冲刷而造成的高温、高湿和土壤的板结,推迟和减少青枯病的发生。

6. 适宜栽培覆盖模式

采用适宜的栽培覆盖模式,能够创造出有利于烟株生长的土壤微生态环境,提高烟株的抗病性,从而有效地防治烟草青枯病。种斌等通过田间小区试验考察了地膜覆盖、水稻秸覆盖及黑麦草覆盖等对连作烟草青枯病的防治效果,并分析了不同覆盖模式对土壤青枯菌、细菌、真菌和放线菌种类及数量的影响,结果表明:膜草覆盖和前膜后秸覆盖均能有效防治烟草青枯病,在移栽后4周和采收末期的防效均达到65%以上,单一黑麦草覆盖或单一秸秆覆盖的防效仅为32% ~ 62%;不同覆盖模式对土壤微生态的影响效果不同,盖膜和种植黑麦草处理,其移栽后1周、4周的相对抑菌率均达75%以上,前膜后秸在栽后1周、4周的相对抑菌率均达到74%以上;膜草覆盖和前膜后秸均能增加土壤可培养细菌的种类,但对真菌和放线菌的种类影响不大;膜草覆盖和前膜后秸两种覆盖模式在防治青枯病方面具有较高的实用价值。

7. 良好田间管理

推行高起垄栽培技术,以利于排水;完善排灌设施,做到排灌分家,防止串灌浸灌，可减少病菌传播机会；大田前期发现青枯病病株应立即拔除，带出田外集中烧毁，并撒施少许石灰对病穴消毒，不要将病株随地乱扔，以减少病菌传播蔓延的机会；烟叶采收完毕后，将病株连根拔起集中处理，不可将病株还田作肥料用。

（二）生物防治技术

1. 微生物防治

用于防治烟草青枯病的芽孢杆菌主要有多黏类芽孢杆菌、枯草芽孢杆菌、凝固芽孢杆菌、蜡样芽孢杆菌、巨大芽孢杆菌等。有学者从烟草、番茄、柑橘等作物根和根部土壤中分离并筛选到对青枯病菌具有较强抑菌作用的细菌 5 株，初步鉴定为芽孢杆菌。网室盆栽试验和田间小区试验结果表明，拮抗细菌对烟草青枯病具有一定的防治作用，其中盆栽试验拮抗菌处理防效可达 75%；田间小区试验拮抗菌处理可推迟青枯病始发期 7 ~ 10 d，防效可达 65%。后来，有学者在福建、广东、贵州等地感染青枯病烟株根部及番茄根部分离出微生物菌系 36 个，并以烟草青枯病病原菌为靶标，通过室内抑菌试验筛选出对青枯病具有拮抗作用的 3 株芽孢杆菌、2 株假单胞杆菌，对青枯病的防效在 70% 以上；生防菌株 PS–1 活菌对青枯病的田间防治效果为 69%，好于目前常用药剂农用链霉素。

有学者从云南和贵州烟草青枯病重病区采集 600 份健康烟草根际土壤，从中筛选出 1 株对烟草青枯病菌株具有较强拮抗的枯草芽孢杆菌，该菌株在室内平板抑菌试验中对烟草青枯病菌株防效达到 66.0%，并初步确定枯草芽孢杆菌菌株产生的主要抑菌活性物质为蛋白多肽类物质。有的学者从贵州省天柱县、黄平县及大方县烟草根围土壤中筛选分离出 20 株烟草青枯病菌的拮抗细菌，平板喷雾法试验结果表明其抑制效果稳定，其中 2 株拮抗细菌分别为蜡样芽孢杆菌和球形赖氨酸芽孢杆菌。

自然界中 70% 以上的抗生素是由链霉菌产生的，在生产实践中该类菌常直接用于烟草青枯病的生物防治。有学者为探索烟草青枯病的高效防治体系，研究了农用链霉素不同施用方法和施用频次对青枯病的防治效果。结果表明，药签插茎与灌溉相结合方法的防治效果要明显好于单一使用，施药后 60 d 对青枯病的最高防治效果达 49.02%。有学者选用农用链霉素泡腾片，以烟田常用药剂农用链霉素可湿性粉剂为对照，进行了田间小区药效试验，结果表明，农用链霉素泡腾片与农用链霉素可湿性粉剂配合使用的情况下最高防效可达 62.00%，平均防效为 56.82%。也有学者以青枯灵、农用链霉素、青萎散等为研究对象，探讨不同药剂对烟草青枯病的防治效果，其中大蒜和农用链霉素防效在 65% ~ 70%。还有学者采用室内抑菌试验和田间小区试验研究了几种杀菌剂对烟草青枯病病原菌的毒力和田间防效，发现 40% 硫酸链霉素可湿性粉剂室内抑菌效果最好，而在田间防治试验中 72% 农用链霉素可湿性粉剂的防效最好。

从土壤中分离到的革兰氏阳性细菌如芽孢杆菌和链霉菌菌株，往往很少能够在植物的根区定殖并形成一个庞大的群体，而假单胞杆菌属细菌常能在植物根围土壤中大量增殖，对植物有抑制病害、促进生长的作用。有学者从番茄、烟草和木麻黄根周围土壤中分离出 606 株假单胞杆菌菌株，通过筛选发现拮抗菌菌株 94a 和 22a 对烟草青枯病有一定防治效果。也有学者从重庆烟区田间分离获得 1 株烟草根际细菌铜绿假单胞菌属的拮抗菌株 swu31-2，通过灌根接种试验和盆栽试验研究其在烟草根、茎和叶表面及内部的定殖能力及其对烟草青枯病的防治作用，结果表明，Swu31-2 的菌液和活性物质对烟草青枯病均有一定的防治效果，并且优于农用链霉素。还有学者从重庆烟区健康土壤中筛选出 1 株铜绿假单胞菌属的拮抗菌，通过平板对照试验表明该菌株对烟草青枯菌有明显的抑制作用。

在利用生防菌防治烟草青枯病方面，有的学者分离出烟草内生细菌并研究了对烟草青枯病的生物防治，结果发现，烟草内生菌 R16、R4、R5、R1 对烟草青枯病的防效可达 90% 以上。有学者将从杭果根际土壤中分离得到的拮抗细菌 J 与土壤添加剂相结合进行盆栽试验，结果表明，两者共同施用对烟草青枯病的防效比单独施用的防效更高，而且防效较为稳定，植株生长更好，到烟草采收后期，防效仍高达 80%。有学者用分离自丝瓜土壤的枯草芽孢杆菌 TG26 浸根处理防治烟草青枯病，苗期防效可达 100%，田间试验防效为 79.6%，并有明显的增产效应。有学者以烟草青枯病菌为指示菌，采用对峙培养法和抑菌活性试验，从感染青枯病的烟草品种 K326 侧根内分离到的大量内生菌中筛选出一株抑菌效果最好的内生拮抗细菌 HN3，最终通过 16S rDNA 序列鉴定、Biolog 微生物自动鉴定系统鉴定和系统发育学分析确定其属于假单胞杆菌。还有学者从烟草茎内分离得到的内生细菌 001、009 和 011 共 3 个菌株对烟草青枯病均有良好的防治效果，其中菌株 001 为枯草芽孢杆菌、菌株 009 和菌株 011 为短芽孢杆菌，经田间防效初步测定，这 3 株菌株的室内平均防效分别达到 82.5%、100% 和 84.5%。

菌根真菌由于一部分在根外，一部分在根内，使其能够紧密地与根系联系，以增加其对植物的作用，其重要作用受到研究者的广泛关注，并将其应用于烟草青枯病的生物防治。有学者通过盆栽试验和病区大田试验比较了菌根和非菌根烟苗移栽后的青枯病发病率、病情指数以及接种青枯菌后烤烟根系几丁质酶活性的变化，结果表明，丛枝菌根（AM）真菌可能与烟草青枯菌争夺烤烟根系上的侵染位点，导致菌根烟苗能推迟青枯病的发病时间，降低发病率和病情指数，提高烤烟抗青枯病的能力。有学者采用漂浮育苗技术培育烟苗，于播种期分别接种摩西球囊霉、聚丛球囊霉和生防制剂进行烟苗农艺性状、烟叶化学成分及抗病性等比较试验，研究发现，漂浮育苗时接种摩西球囊霉 + 生防制剂处理可更好地改善烟株综合素质。有学者对从健康的烟草根际土壤中分离获得的烟草青枯菌土壤拮抗真菌进行了筛选和鉴定，结果表明，分离获得的 56 株真菌中有 3 株具有拮抗作用，拮抗效果从高到低依次为淡色生赤壳菌、棘孢木霉和嗜松青霉。还有学者采用盆栽试验研究了接种 AM 真菌对烟草青枯病发病情况的影响，发现接种 AM 真菌能提高烟株对烟草青枯病的抗性，降低烟草青枯病的病情指数及发病率。

噬菌体是感染细菌、真菌、放线菌或螺旋体等微生物的病毒的总称，因具有能够高效、持续的裂菌作用以及对机体和环境无毒性、无刺激作用，避免了环境污染、生态破坏及农药残留等问题，使其有望成为生物防治烟草青枯病的重要组成部分。有的学者从烟草青枯病重病田健康烟株的根际土壤中分离到裂解性的青枯病菌噬菌体，经过测定各项生物学特性，发现其潜伏期较短、裂解能力较强，具有很好的杀菌效果，且裂解活性持续时间长，并能在不同温度、不同酸碱性的环境中有较强的适应能力，具有开发为抗青枯病菌菌剂的潜力。需要特别注意的是，噬菌体具有高度的特异性，往往只对某一型或几型的细菌有效，而对其他菌株裂解效果很弱或无治疗作用，使其应用范围受到很大的限制。

目前，在市面上比较常见的以生防菌为有效成分登记的防治烟草青枯病的农药有农用链菌素、安地粉剂、青萎散、康地雷得等。如有学者的研究结果表明，安地粉剂（生物杀菌剂 ANTZ-8098A，20 亿孢子/g）600 倍液和农用链菌素（10 000 万 mg/kg）5 000 倍液对烟草青枯病的防治效果分别为 66.7% 和 63.0%。左娟等认为，青萎散可湿性粉剂（3 000 亿个荧光假单胞菌/g）和 72% 农用链菌素对烟草青枯病的防治效果分别为 77.35% 和 70.09%。有学者的研究结果表明，康地雷得可湿性粉剂（1.0×10^7 cfu/g 多粘类芽孢杆菌）对烟草青枯病的防治效果优于青萎散可湿性粉剂（3 000 亿个荧光假单胞菌/g）。

尽管这些微生物活菌制剂对烟草青枯病的防治在实际生产应用中较为理想，但防治效果不稳定，主要体现在不同地区的防效差异较大，前期防治效果较好而后期防治效果较差，原因主要有两点：其一，生防菌受环境因素影响大，工业化生产各项指标难以控制，在大田中功效不稳定、防治时间短，起不到彻底防治的目的；其二，青枯雷尔氏菌是一个土传病原菌，它分类复杂、易发生变异，在田间无论是致病性、生理生化特征、菌体形态等各方面都存在明显的多态性。因此，对烟草青枯病的生物防治，不能仅仅依靠单独的某一生防因子，应该综合多种措施如拮抗菌复配施用等，以减轻青枯菌对烟草生产的危害。

2. 植物源杀菌剂防治

根据相关学者的研究结果表明，0.2、0.3、0.4 g/mL 浓度的大蒜乙醇提取物对烟草青枯病菌的抑制率分别为 65.56%、69.26% 和 75.93%，0.5 g/mL 和 0.4 g/mL 浓度的大蒜乙醇提取物对烟草青枯病的大田防治效果较好，分别为 71.30% 和 63.89%。

有学者研制了防治烟草青枯病的植物性药剂，并开展了田间防效试验，选择大蒜、山苍籽和黄芩三种植物性药物，用农用链霉素和烟病克两种农药进行试验，结果表明，大蒜、山苍籽和黄芩对烟草青枯病的防治效果分别为 63.80%、70.54% 和 20.44%，农用链霉素和烟病克的防效均不及山苍籽和大蒜，但比黄芩好，并且采用大蒜和山苍籽进行防治的性价比明显高于其他对比药剂。

有学者的研究结果表明，山苍籽、花椒和大蒜对烟草青枯病的防治效果分别为 84.02%、75.64% 和 65.06%。

有学者的研究结果表明，植物性农药菌毒力杀 800 倍液对烟草青枯病的防治效果（85.2%）优于乙蒜素 4 000 倍液的防治效果（66.7%）。

二、空茎病调控技术

（一）生态控制技术

1. 合理轮作

实行间隔 1～2 年的轮作或水旱轮作可以有效控制烟草空茎病的发生，烟草前作以小麦、玉米、高粱和谷子等禾谷类作物为宜，避免与辣椒、番茄、马铃薯等茄科作物和十字花科蔬菜轮作或邻作，以减少烟草空茎病的初侵染源和菌源积累。

2. 种植抗病品种

种植抗病品种是控制烟草空茎病最经济有效的根本措施，我国生产上推广种植的 NC89、K346、RG17 品种对烟草空茎病的耐抗性强，重病区可根据当地情况选择种植。

3. 合理施肥

有学者认为，稳施氮肥、增施磷钾肥，可以减轻烟草空茎病的发生。

4. 适宜移栽

有学者的研究结果表明，移栽期适当提前可避开烟草空茎病的盛发期；膜下移栽和井窖式移栽措施，有保温、保水、保肥等作用，促进烟株根系发育及对土壤营养元素的吸收，提高烟株自身的抗性，从而能有效地预防烟草空茎病的发生；而膜上移栽对垄内土壤温度提高和保摘的作用不显著，烟苗前期生长受到影响，导致后期空茎病的发病率和病情指数都较高。

5. 良好田间管理

推行高垄宽行种植，适当合理稀植，利于通风排渍、降低田间湿度；田间打顶、抹权、摘除脚叶和烟叶采收等，要选择晴天、露水干了以后再进行，以加速伤口愈合，因干燥操作有利伤口快速愈合，减少病原菌侵染机会，能有效避免病害发生；搞好田间清洁工作，及时清除病株，将病残体带出田外烧毁或深埋，病穴及时撒施少量生石灰粉消毒杀死病菌；农事工具尽可能消毒，以防止病菌传播；烟叶采收完毕后，将病株连根拔起集中处理。

（二）科学用药技术

1. 适宜时期用药

烟草空茎病在打顶抹权期易感病，成熟期为发病高峰期，防控烟草空茎病的施药最佳时期为现蕾期、打顶抹权期和成熟期。

2. 有效靶区用药

烟草空茎病菌多从烟株打顶或抹权所造成的伤口侵入，因此，防控烟草空茎病要注意打顶抹权工具和烟株伤口。

3. 适宜方法用药

打顶抹权工具消毒：用 75% 乙醇或 90% 三氯异氰尿酸 500 倍液浸泡消毒，每切 1 株，切刀要用消毒液浸泡 1 次，以防止病菌传播。

烟株伤口涂抹消毒：打顶、抹芽或采摘烟叶后的烟株伤口用 72% 硫酸链霉素可湿性粉剂 200 倍液，或 90% 三氯异氰尿酸 500 倍液，或 200 倍的苯酚液，或 1% 来苏尔水溶液涂抹消毒，可起到预防烟草空茎病的作用。刘刚等研究认为，在烟株打顶伤口处涂抹凡士林，对烟草空茎病的防治效果好于农用链霉素 40 倍涂抹的防治效果。

发病初期或发病中心区烟株：72% 硫酸链菌素可湿性粉剂 400～600 g/亩，1 000～2 000 倍液或 20% 噻菌铜悬浮剂 20～30 g/亩，300～700 倍液或 50% 琥珀酸铜（DT）可湿性粉剂 100～150 g/亩，300～400 倍液，喷施于烟株伤口和烟叶叶柄，7～10 d/次，单一种类药剂最多连续使用 3 次。

第三节 烟草根茎部真菌病害调控技术

一、烟草黑胫病调控技术

（一）生态控制技术

1. 合理轮作

烟田合理轮作是防治烟草黑胫病的有效措施之一，实行间隔 3 ~ 4 年的轮作或水旱轮作可以有效控制烟草黑胫病的发生。有的学者通过试验发现，轮作间隔时间越长，烟草黑胫病的发病率、病情指数越低；轮作间隔 3 年的烟草黑胫病发病率为 4.33%、病情指数 3.08，轮作间隔 2 年的烟草黑胫病发病率为 15.67%、病情指数 10.91，轮作间隔 1 年的烟草黑胫病发病率为 41.65%、病情指数 33.85，轮作间隔 0 年的烟草黑胫病发病率为 44.65%、病情指数 35.95。

烟草不同前作作物遗留下来的土壤环境的不同，导致不同前作对土壤烟草黑胫病菌数量、病情指数和防治效果影响有所差异，土壤烟草黑胫病菌数量和病情指数趋势相同，均表现为大蒜＜花生＜甘薯＜玉米＜烤烟，对烟草黑胫病的防控效果表现为大蒜＞花生＞甘薯＞玉米。

前作大蒜根系分泌的蒜素及阿霍烯、硫醚、二噻烯等含硫化合物对黑胫病菌具有良好的抑杀作用，减阻了后作烤烟土壤黑胫病菌的增殖、侵染及危害能力。随着前作大蒜种植行距（20、15、10、5 cm）的减小，土壤烟草黑胫病菌数量减少，后作烤烟黑胫病病情指数降低，防控效果提高。前作大蒜种植行距 10 cm 对后作烤烟黑胫病的防控效果较好，主要原因可能为前作大蒜种植行距在一定范围内越小，大蒜根系及其分泌物改善土壤理化、生物性状及抑杀黑胫病菌的能力越强，导致土壤黑胫病菌数量降低。

年度间不同品种轮作较同一品种连作，能显著降低烟草黑胫病的发病率和病情指数、防控烟草黑胫病。原因可能是年度间不同品种轮作能够显著提高土壤中真菌的种类（OTUs）和多样性指数，改善土壤生态环境，使多种真菌种群类型增加，防止黑胫病菌的过度繁殖，有效抑制黑胫病害的发生。

2. 合理间作

合理间作对烟草黑胫病具有显著的防控效果。烤烟不同间作的土壤烟草黑胫病菌数量和病情指数趋势相同，均表现为烤烟间作大蒜＜烤烟间作黑麦草＜烤烟间作花生＜烤烟单作，对烟草黑胫病的防控效果表现为烤烟间作大蒜＞烤烟间作黑麦草＞烤烟间作花生。烤烟间作花生、黑麦草、大蒜均能显著降低土壤烟草黑胫病菌的数量，主要原因可能为花生、黑麦草、大蒜均是烟草黑胫病菌的非寄主作物，一方面，稀释了土壤烟草黑胫病菌数量，另一方面，诱导土壤烟草黑胫病拮抗菌的产生，抑制了烟草黑胫病菌的增殖。烤烟间作花生、黑麦草、大蒜均显著减轻烟草黑胫病病情指数，烤烟不同间作的烟草黑胫病病情指数表现为烤烟间作大蒜＜烤烟间作黑麦草＜烤烟间作花生＜烤烟单作，可能是烤烟不同间作的减抑病原菌效应及减阻病原菌侵染效应的差异，导致烤烟不同间作的减轻烟草黑胫病病情的差异。

间作不同行比影响对烟草黑胫病的防控效果。随着烤烟、花生间作行比 [1 ∶（0～6）] 的增大，烟草黑胫病的病情指数降低，对烟草黑胫病防控效果提高；烤烟、花生间作行比 1 ∶ 4 和 1 ∶ 6 对烟草黑胫病的防治效果优于其他处理，且两者间的差异不显著；烤烟、花生间作防控烟草黑胫病的最佳行距比为 1 ∶ 4。

3. 种植抗病品种

种植抗病品种是控制烟草黑胫病最经济有效的根本措施，我国生产上推广种植的 NC82、K326、中烟 100 等烤烟品种，白肋 21 和白肋 37 等白肋烟品种以及五峰黄、什邡毛烟等晾晒烟品种，在对烟草黑胫病的控制上起到了较大作用。

豫烟 6 号、豫烟 10 号、豫烟 12 号的烟草黑胫病发病率和病情指数均显著低于云烟 87，豫烟 6 号、豫烟 12 号对黑胫病抗性强于豫烟 10 号。

4. 合理施肥

施用生物有机肥可有效抑制烟草黑胫病的发病率。有学者的研究结果表明，施用生物有机肥可大幅度提高烟株根际土壤中细菌真菌及放线菌的数量，同时施用生物有机肥还可以提高烟株的株高和烟叶叶面积系数，并有效抑制烟草黑胫病的发病率。这是因为施用的生物有机肥其本身所含的功能有利于微生物在施入土壤后迅速繁殖，分解土壤中的矿质营养从而提高土壤肥力，同时有利于土壤中抗生素和激素类物质的增加，并对烟株病害发生起一定的抑制作用。在烟田中施用适量的腐植酸对烤烟的一系列生理活性具有促进作用，可使其生理代谢更趋活跃，抗逆能力得到提高，并能有效控制烟草黑胫病的侵染。有学者认为，喷施生理平衡剂能够提高烟草的生长势和烟株对黑胫病的抗性，对烟草黑胫病的防治效果可达 50.6%。

5. 适宜移栽

采用膜下小苗早栽技术可使烟苗躲过发病高峰时期，有效防治烟草黑胫病。有学者的研究表明，采用膜下小苗早栽的烟草黑胫病的病株率为 6.45%、病情指数为 4.8，常规移栽的烟草黑胫病的病株率为 40.00%、病情指数为 30.0，对烟草黑胫病的防控效果在 80% 以上。

6. 良好的田间管理

推广深耕高起垄移栽，及时高培土，在多雨季节可避免雨水同烟株基部直接接触，有效降低烟株染病概率；采用排灌等措施，使烟田的自然环境相对干燥；黑胫病发病时应及时清理病株残体，集中处理，以减少再次侵染源。

（二）生物防治技术

1. 拮抗微生物防治

（1）拮抗细菌

对烟草黑胫病菌具有拮抗作用的内生细菌主要有芽孢杆菌和假单胞杆菌，它们的作用机制主要是通过产生抗菌素溶解烟草黑胫病菌菌丝。有的学者对烤烟品种内生细菌中的拮抗菌进行群落分析，发现这些内生细菌分别归于 5 个属，即芽孢杆菌属、短芽孢杆菌属、寡养单胞菌属、柄杆菌属、欧文菌属，其中芽孢杆菌属是优势属。有学者分离得到的 4 株内生细菌对烟草黑胫病菌具有明显的抑制效果。有学者的研究结果表明，拮抗细菌 CP13 在烟苗移栽时施用对烟草黑胫病的防效最高，烟苗移栽后 10 d 施用防效居中，烟苗移栽后 20 d 施用对烟草黑胫病的防效最低。还有学者对筛选出的内生细菌枯草芽孢杆菌 Itb57 开展了对烟草黑胫病防治效果的研究，烟草黑胫病的田间防治效果达 72.49%。

烟草内生细菌解淀粉芽孢杆菌对烟草黑胫病菌具有拮抗、抑制作用。生防菌剂 ZY-9-13 为烟草内生细菌解淀粉芽孢杆菌发酵制成的可湿性粉剂，解淀粉芽孢杆菌含量为 1.0 亿个 /g。随着生防菌剂 ZY-9-13 用量（2.25、4.50、6.75 kg/hm²）的增加，土壤烟草黑胫病菌数量减少，烟草黑胫病的发病率、病情指数降低，防治效果提高，生防菌剂 ZY-9-13 用量 4.50 kg/hm² 对烟草黑胫病的防治效果较好。施用生防菌剂 ZY-9-13 能显著降低土壤烟草黑胫病菌的数量，主要原因可能是生防菌剂中 ZY-9-13 菌株能导致烟草黑胫病菌菌丝、孢子的畸形膨大和滞育；施用生防菌剂 ZY-9-13 能显著降低烟草黑胫病的发病率和病情指数，提高烟草黑胫病的防治效果。主要原因是生防菌剂中 ZY-9-13 菌株能明显拮抗烟草黑胫病菌，降低了土壤烟草黑胫病菌的侵染、危害能力。

生防菌剂 ZY-9-13 不同施用方法均能显著降低烟草黑胫病发病率和病情指数，以生防菌剂 ZY-9-13 喷淋茎基部的黑胫病防治效果最好。

生防菌剂 ZY-9-13 可湿性粉剂（解淀粉芽孢杆菌含量为 1.0 亿个 /g），用量为 4.50 kg/hm²，用清水溶解并稀释至 750 L/hm²，于移栽后喷淋茎基部施用。

根际细菌可在植物根部定殖，并可通过多种机制控制植物病害。从烟草根际微生物分离鉴定了一批烟草黑胫病的拮抗菌株，以革兰氏阳性菌为主，包括芽孢杆菌属、短芽孢杆菌属、假单胞菌属等。研究发现，生防菌可以通过调节叶片内的内源激素，如吲哚乙酸、赤霉素、细胞分裂素含量或提高叶片中苯丙氨酸解氨酶、多酚氧化酶、过氧化物酶的活性及丙二醛含量来提高烟株的抗病性。有学者从重病田健株根围采集的土样中分离并筛选到拮抗烟草黑胫病的细菌，其中 4 株防效超过对照，大部分菌株对烟草的生长还有不同程度的促进作用。有学者从云南不同地区的烟田根围土样中分离到 97 株对烟草黑胫病菌具有抑制效果的细菌，其中 RB-42 和 RB-89 在温室中的防病效果较好。有学者分离筛选出的假单胞杆菌和枯草芽孢杆菌在温室中对烟草黑胫病菌的防效分别为85.94%和81.25%。有学者筛选出的荧光假单胞杆菌在温室中对烟草黑胫病菌的防效为61.14%。王晶晶等分离到的普城沙雷菌在温室中对烟草黑胫病菌的防效为77.78%。有学者分离筛选出的多粘类芽孢杆菌在温室中对烟草黑胫病菌的防效为90.9%；有学者证明多粘类芽孢杆菌C5微生物有机肥对烟草苗期黑胫病的控制效果达80%，其通过在根际大量定殖产生拮抗物质刺激根系产生有利生长的物质等方式保护烟草免受病原真菌的侵害，是其防控烟草土传黑胫病的主要机制。有学者的研究表明，在烟草根际土壤分离到的短小芽孢杆菌ARO3，对烟草黑胫病菌的田间防治效果可达60%以上。

（2）拮抗真菌

对烟草黑胫病具有拮抗作用的真菌主要有木霉菌、腐霉菌、青霉菌等，以木霉菌居多。木霉菌可通过其产生的几丁质酶、葡聚糖酶、纤维素酶和蛋白酶分解植物病原真菌的细胞壁或分泌葡萄糖苷酶等，来降解病原菌产生的毒素，分泌抗菌蛋白或裂解酶，来抑制植物病原真菌的侵染。另外，木霉菌还可产生非挥发性抗生素抑制菌丝生长、孢子萌发、芽管伸长。有学者报道，哈茨木霉在苗期防治烟草黑胫病可以提高烟草的成苗率和烟苗的生长参数。有学者发现，耐盐碱木霉菌株28TJ19对烟草黑胫病的拮抗效果最好，平板对峙和发酵液抑制率分别为52.8%和71.6%。有学者研究发现，长枝木霉对烟草黑胫病菌具有较强的拮抗作用，拮抗机制主要为竞争作用、寄生作用、抗生作用；温室盆栽试验对烟草黑胫病的防效达到97.6%；移栽时每株施用4 g，对烟草黑胫病的田间防效可达67%以上。还有学者的研究发现，2.5 g/L的绿色木霉菌菌剂，对大田烟草黑胫病的防治效果及提升烟苗质量的效果最佳。

有学者研究了寡雄腐霉菌对烟草黑胫病菌丝的抑制率ECs值为0.113 mg/L，田间防治效果达到64.07%，与精甲霜·锰锌效果差异不显著；有学者研究发现，寡雄腐霉发酵液对烟草黑胫病的防效达64.2%，能提高烟苗生物量、促进烟苗氮磷钾的吸收，并且提高了烟叶多酚氧化酶、超氧化物歧化酶和苯丙氨酸解氨酶的活性，降低了丙二醛含量。

有学者鉴定了拮抗烟草黑胫病的一株淡紫拟青霉菌株，并对其发酵条件进行优化，为应用该菌株规模化生产高效廉价的几丁质酶、几丁质寡糖及对烟草黑胫病防治奠定基础。

有学者的研究结果表明，青霉菌灭活菌丝体处理对烟草黑胫病最大的防治效果可达 63.8%，能显著提高烟草的叶面积、茎围和产量；青霉菌灭活菌丝体对烟草黑胫病病原菌菌株并没有拮抗作用，推测其防病作用是通过诱导烟草抗性而非是抑制病原。有学者也以青霉菌灭活菌丝体作为有机肥进行了诱导烟草抗黑胫病的温室试验，研究结果表明，烟草经青霉菌灭活菌丝体诱导处理后发病率及病情指数明显降低，防治效果明显，防御酶活性提高，对黑胫病的抗性增强。

（3）拮抗放线菌

广泛应用的抗生素约 70% 是放线菌所产生，放线菌还可以产生一些酶，如蛋白酶淀粉酶、纤维素酶、几丁质酶和有机酸等，放线菌也可通过竞争、捕食、重寄生等作用降低病原菌的侵染力、致病力，从而降低病害发病率。

有学者对 29 份根际土进行分离，得到 48 株对烟草黑胫病菌有拮抗作用的菌株，多数拮抗放线菌属于链霉菌属，占 97.92%，少数为诺卡氏菌属；其中 1 株链霉菌 A30-19 菌株的温室盆栽防效最好（78.79%），其发酵液与 58% 的甲霜灵·锰锌 800 倍液的防效无显著差异。奚家勤等分离筛选到两株对烟草黑胫病菌有稳定拮抗作用的链霉菌菌株 ZY-9-1 和菌株 ZY-19-2 发酵液应用于大田后，对烟草黑胫病的防效分别达到 56% 和 50%。有学者分离出 1 株奈良链霉菌 JD211，其对烟草黑胫病抑制率高达 90%。有学者从根际土壤分离到 1 株拮抗放线菌，并鉴定该菌株为链霉菌属不产色链霉菌 F8，其发酵液对烟草黑胫病的防效为 70.3%，略高于对照药剂甲霜·锰锌可湿性粉剂的防效。有学者采用云南链霉菌的发酵产物放线酮，浇根处理烟草黑胫病的平均防治率为 69.7%。有学者分离得到一株放线菌株 LY18，其发酵液对烟草黑胫病菌菌丝的抑制率达 70% 以上；电镜观察发现，抑菌圈周围的烟草黑胫病菌丝破裂瘪陷，导致病菌菌丝断裂。有学者测定了土壤链霉菌 R15 发酵液的抑菌效果、热稳定性和酸碱稳定性，并对其作用机制进行了初步研究，结果表明：R15 通过菌丝缠绕、紧贴、穿透的方式重寄生于烟草黑胫病菌菌丝上，并导致其菌丝断裂；RI5 发酵液的稳定性较强，在 20 ~ 55℃、pH 为 3 ~ 9 的条件下都具有抑菌活性。目前，放线菌及其代谢产物在农业生产中具有较高的经济和生态效益，而且放线菌耐热、耐干，便于商业化生产，因而具有巨大的应用价值。

2. 植物源杀菌剂防治

植物源杀菌剂是利用有些植物里含有的某些抗菌物质杀死或有效抑制某些病原菌的生长发育的一种药剂。目前植物源杀菌剂中植物活性成分对黑胫病菌的作用机制主要有：一是利用植物活性成分对黑胫病菌的直接作用，如抑制菌丝生长发育，抑制游动孢子的产生、附着孢子的形成及侵入丝的形成；二是植物活性成分对黑胫病菌的间接作用，主要诱导烟草产生抗性，增强烟草的抗菌能力，减轻烟草黑胫病的发生。

有学者发现，桉树、兰香和艾叶的叶片抽提物的 10% 水溶液对烟草黑胫病菌也有较好抑制效果，抑制率为 84.4% ~ 86.5%。

有学者以烟草黑胫病菌为供试菌种，对 7 种植物的 95% 乙醇提取物进行离体生物测定筛选，结果表明，中草药 F 和中草药 H 提取物对烟草黑胫病菌有明显的抑制作用，有望开发成植物源杀菌剂。有学者测定了生物碱类、苷类等 6 种中草药提取物，对烟草黑胫病菌均有明显的抑制作用，且随使用剂量的增大而增强；苦参 + 金银花、苦参 + 补骨脂、金银花 + 补骨脂等提取物复配后对烟草黑胫病原菌的抑制存在协同增效作用。

有学者发现，大蒜的水提物和乙醇浸出物对烟草黑胫病菌的抑制率高达 100%；有学者通过盆栽试验发现，只有所加稀释液小于 10 倍的大蒜提取液才对烟草黑胫病具有防治效果；有学者的试验结果表明，大蒜素对烟草黑胫病有一定的防治效果。

有学者研究发现，柠檬草精油对烟草黑胫病菌具有优越的体外和体内抗菌活性，是有潜力的生物抗菌剂和杀菌剂。

有关抗烟草黑胫病植物源杀菌剂的试验研究报道较少，用于大田生产的商品制剂更是稀少，因此，筛选和研制高效、低毒、低残留的抗烟草黑胫病植物源杀菌剂，对于烟草黑胫病的绿色防控具有重要意义。

（五）科学用药技术

1. 适宜时期用药

烟草黑胫病由于在烟田团棵期以前较感病、现蕾以后较抗病，所以，防控烟草黑胫病的施药最佳时期为烟草黑胫病发病前 5 d 左右，即返苗期，烟苗移栽后 5 ~ 15 d。有的学者认为，在烟草黑胫病发病前 5 d 左右施药的防控效果较好，而发病后 5 d 左右施药的防控作用很小。

2. 有效靶区用药

烟草黑胫病菌主要集中分布在土壤表面附近，且主要从茎基部和根系侵染烟株。因此，防控烟草黑胫病的施药有效靶区为烟株茎基部及其表土。有学者选用生防菌剂 ZY-9-13 可湿性粉剂于烟苗移栽后分别喷雾烟株茎基部、叶片、茎基部 + 叶片。研究结果表明，施药靶区为烟株茎基部的烟草黑胫病防控效果为 72.2%，显著好于施药靶区为叶片或茎基部 + 叶片的处理。

3. 高效低残混剂用药

防治烟草黑胫病传统的保护性杀菌剂（如代森锰锌等），作用机制是抑制烟草黑胫病菌孢子囊释放游动孢子和孢子萌发，特点是具有表面保护作用、残效期长，对病菌多位点抑制、不易产生抗药性，但是保护性杀菌剂不能被植物吸收并在植物体内转移，病菌一旦侵入寄主体内，再施药基本无疗效，同时，不能保护未与杀菌剂接触的部位（如植株地下根系等器官）。使用这类杀菌剂进行土壤处理不仅用药量大、效果差，而且环境污染严重。内吸性杀菌剂如甲霜灵、乙磷铝、烯酰吗啉、霜霉威、氟吗啉等，可以被植株根、叶、梢迅速吸收，并通过维管束的导管和细胞间隙等非生活空间系统向植株上部转移，对疫霉菌具有很高的活性。乙磷铝是一种内吸作用非常突出的杀菌剂，在植物体内可以上下传导，对烟草黑胫病有良好的防治效果；甲霜灵具有保护和治疗作用，对烟草疫霉菌具有很高的抑制活性；烯酰吗啉能干扰病菌细胞壁聚合体的组装，从而抑制孢子囊、游动孢子及休眠孢子的萌发，以及游动孢子囊的形成和菌丝的生长；氟吗啉因氟原子特有的性能如模拟效应、电子效应、阻碍效应、渗透效应而使其防病杀菌效果倍增，对已对甲霜灵产生抗性的烟草黑胫菌有很好的活性。

为了延缓烟草黑胫病病菌的抗药性和避免较大范围内使用同种或同类药剂，将作用机制不同的保护性杀菌剂和内吸性杀菌剂混配是延长农药使用寿命及延缓病菌抗药性产生的有效途径，也是最大限度地利用现有资源的有效途径。例如，甲霜灵与代森锰锌的混剂甲霜·锰锌，氟吗啉与乙磷铝的混剂氟吗·乙铝，甲霜灵与霜霉威的混剂甲霜灵·霜霉威等，均具有极强的内吸性能，能快速地被作物的根、茎、叶等绿色部分吸收，及时防治已侵入作物体内的病菌，并能在作物表面形成强有效的保护膜，同时对新生叶片也表现出理想的保护作用。作用机制是通过抑制菌丝的生长和孢子的形成从而有效地防止病害的发生，表现出内部治疗、外部保护的双重功效，能抑制烟草黑胫病病原菌的正常生长发育或直接杀灭烟草黑胫病病菌。有学者的研究结果表明，3 种杀菌剂对烟草黑胫病田间防治效果排序为 72% 甲霜·锰锌可湿性粉剂（600 倍液）＞25% 甲霜灵·霜霉威可湿性粉剂（600 倍液）＞50% 氟吗·乙铝可湿性粉剂（600 倍液）。

微胶囊技术是指将芯材（固体、液体或气体）包裹在囊壁材料中，形成直径几微米至几百微米微小容器（即微胶囊）的技术，农药微胶囊剂具有缓慢释放、持效期长、有效利用率高和贮运安全等特点。有的学者为明确 15% 甲霜灵微胶囊缓释剂配方及对烟草黑胫病的防治效果，采用原位聚合法制备并优化工艺，对获得的微胶囊进行释放规律研究及评价，并通过盆栽试验，确定其防治效果。结果显示，微胶囊缓释剂最佳配方为（用质量分数表示）：15% 甲霜灵原药、27% 二甲苯、2.5% 农乳0203、2% 氯化铵、4% 乙二醇、0.2% 黄原胶、2% 亚甲基双萘磺酸钠、47.3% 水。制备优化工艺为：芯壁比例 1：1、搅拌速度 400 r/min、调酸时间 2 h、pH=4.5。所获得微胶囊制剂表面光滑致密无凹陷，大小均一。制剂有效成分在水相中缓慢释放，0 ~ 24 h 为初期释放阶段，符合一级动力学方程。累计释放量达 29.52%，24 ~ 360 h 为匀速释放阶段，符合零级释放动力学方程，累计释放量为 29.52% ~ 93.22%，360 h 后趋于稳定。施用所制备的 15% 甲霜灵微胶囊具有良好的缓释性，21 d 后对烟草黑胫病的盆栽防治效果为 82.2%，高于 25% 甲霜灵可湿性粉剂，对烟草黑胫病有较好的防治效果。

4. 适宜方法用药

药剂：枯草芽孢杆菌可湿性粉剂（10亿芽孢/g）10 ~ 15 g/亩；72% 甲霜·锰锌可湿性粉剂 80 ~ 100 g/亩；50% 氟吗·乙铝可湿性粉剂 5 ~ 10 g/亩；25% 甲霜灵·霜霉威可湿性粉剂 100 ~ 120 g/亩。

施用方法：用清水溶解并稀释至 50 L/亩喷淋烟株茎基部，10 ~ 15 d/次，单一种类药剂最多连续使用 3 次。

有的学者研究结果表明，甲霜灵、烯酰吗啉、霜霉威、代森锰锌、乙磷铝等 5 种防治烟草黑胫病常用农药的安全间隔期为 14 ~ 21 d。

二、烟草根黑腐病调控技术

（一）生态控制技术

1. 合理轮作

烟田合理轮作是防治烟草根黑腐病的有效措施之一，实行间隔 3 ~ 4 年的轮作或水旱轮作可以有效控制烟草根黑腐病的发生。烟草与禾本科作物轮作防治烟草根黑腐病效果最佳，同时应避免与茄科、豆科、葫芦科等易被烟草根黑腐病侵染的作物轮作。

2. 合理施肥

施用腐熟的有机肥，避免施用石灰性肥料和碱性肥料；增施钾肥也能增强烟株的抗烟草根黑腐病能力。有学者的研究表明，在红花大金元烤烟生产中，钾肥施用量在 17.5 kg/亩时，既能有效提高烟叶对根黑腐病的抗性，又可显著提高产量。

3. 种植抗病品种

种植抗病品种是控制烟草根黑腐病最经济有效的措施，我国生产上推广种植的 NC82、NC89、NC95、NC98、秦烟 96、贵烟 4 号、中烟 100 等烤烟品种在对烟草根黑腐病的控制上起到了较大作用。有学者在烟草品种对根黑腐抗病性的差异研究结果表明，秦烟 96、贵烟 4 号、中烟 100 属中抗品种，云烟 85 为感病品种，秦烟 95、K326 和云烟 87 为高度感病品种。

4. 适时移栽

适时移栽可有效防治烟草根黑腐病，在适时移栽时应避开低温，在地温达到 20℃ 以上移栽，能有效防止烟草根黑腐病的发生和传播。

5. 良好田间管理

田里的前茬作物要及时清理干净，避免田中存在病残体而导致烟苗被侵染，推广深耕、高起垄移栽，及时高培土，在多雨季节可避免雨水同烟株基部直接接触，有效降低烟株染病概率；采用排灌等措施，使烟田的自然环境相对干燥；黑胫病发病时应及时清理病株残体，集中处理，以减少再次侵染源。

（二）生物防治技术

有学者从烟草根际土壤中分离并筛选出了对烟草根黑腐病病菌有较强拮抗作用的芽孢菌株 R27，该菌株能很好地抑制烟草根黑腐病菌菌丝的生长及其致病性；经拮抗菌菌液处理的烟苗烟草根黑腐病发病率和病情指数与对照相比明显降低，温室盆栽烟草根黑腐病的防效达 80.2%。

有学者的研究表明，哈茨木霉生防菌 T150 菌粉（含分生孢子 $3 \times 10^{13} \sim 7 \times 10^{13}$ cfu/g）100 ~ 200 g/ 亩（移栽蘸根）+1 000 倍稀释液（团棵期灌根）或 300 ~ 1 000 倍稀释液分别在移栽和团棵期灌根，均能有效控制根腐病的发生，平均防效在 76% 以上。

有学者从土壤中筛选出的一株对烟草根黑腐病菌有较强拮抗作用的放线菌菌株 TA21（链霉菌属吸水链霉菌），其无菌滤液试验表明，在试验浓度范围内，无菌滤液均能有效抑制烟草根黑腐病菌丝生长，减少孢子萌发；温室控病试验结果表明，该菌株对烟草根黑腐病的防治效果高达 85.3%。

有学者的研究结果表明，多肽保在大田移栽时和移栽后 15 d 分别以 50 g/ 亩和 150 g/ 亩施用，能够有效地控制大田根黑腐病的发生。

（三）科学用药技术

1. 适宜时期用药

烟草根黑腐病由于在烟田团棵期以前较感病、现蕾以后较抗病，所以，防控烟草根黑腐病的施药最佳时期为返苗期和团棵期。

2. 高效交替用药

防治烟草根黑腐病的苯并咪唑类杀菌剂（如多菌灵、甲基托布津等）的作用机制是干扰病菌有丝分裂中纺锤体的形成，从而影响病菌细胞分裂；有机硫类杀菌剂（如代森锰锌等）的主要作用机制是通过抑制病原菌体内丙酮酸的氧化来抑菌杀菌。这两类杀菌剂对烟草根黑腐病菌的抑杀效果较好，但是这两种药剂连续单一使用容易引致病菌产生抗药性。有学者的研究结果表明，甲基托布津、多菌灵和代森锰锌对烟草根黑腐病菌的菌丝生长有较强的抑制作用，且效果稳定；结合对两类药剂有效成分和作用机制的比较后认为，多菌灵与代森锰锌交替施用，对烟草根黑腐病的防治效果最佳。

有学者的研究表明，移栽时用 58% 甲霜灵·锰锌 700 倍液灌根，或移栽后 5 ~ 8 d 用 72% 农用链霉素 600 倍液灌根，或移栽后 15 ~ 20 d 用 58% 甲霜灵·锰锌 700 倍液灌根，或移栽后 25 d 用生石灰 20 倍液灌根，移栽后 35 d 用 72% 农用链霉素 600 倍液灌根，防治烟草根黑腐病的效果可以达到 100%。

3. 适宜方法用药

药剂：50% 多菌灵可湿性粉剂 100 ~ 200 g/ 亩、600 ~ 800 倍液灌根；80% 代森锰锌可湿性粉剂 100 ~ 200 g/ 亩、600 ~ 800 倍液灌根；50% 甲基托布津可湿性粉剂 100 ~ 200 g/ 亩、600 ~ 800 倍液灌根；72% 农用链霉素可溶性粉剂 15 ~ 30 g/ 亩，500 ~ 800 倍液灌根；58% 甲霜灵·锰锌可湿性粉剂 80 ~ 100 g/ 亩、600 ~ 800 倍液灌根。

施用方法：烟苗移栽后 5 ~ 8 d 第一次用药，间隔 10 ~ 15 d/ 次，单一种类药剂最多连续使用两次。

有研究结果表明，甲霜灵、代森锰锌防治烟草根黑腐病常用农药的安全间隔期为 14 ~ 21 d。

第五章　烟草根茎部病害其他防控措施的应用与探索

第一节　烟草根茎病害病原菌 PCR 检测

为了快速准确鉴别烟草根腐病菌、黑胫病菌、立枯病菌、根黑腐病菌和鸢尾丝囊霉菌等 5 种烟草根茎病害病原菌，笔者利用 RAPD 分子标记等方法筛选和设计特异性扩增引物，优化多重 PCR 扩增体系中各引物添加量、退火温度、循环数等条件，建立多重 PCR 检测体系，并对其检测的可行性进行验证。下面对验证过程展开论述。

一、检测材料与方法

（一）供试菌株

目标病原菌：烟草根腐病菌，黑胫病菌，立枯病菌，根黑腐病菌和鸢尾丝囊霉菌。

对照菌株：烟草拟茎点霉菌，烟草炭疽菌，烟草链格孢菌，以上所有菌株均由本实验室分离保存。

（二）培养基

烟草黑胫病菌培养用 OA 培养基；烟草根腐病菌，立枯病菌，根黑腐病菌，鸢尾丝囊霉菌，烟草拟茎点霉菌，烟草炭疽菌和烟草链格孢菌培养用 PDA 培养基。

（三）试验试剂与仪器

Ezup 柱式真菌基因组 DNA 抽提试剂盒、土壤总 DNA 提取试剂盒和植物总 DNA 提取试剂盒均购于生工生物工程（上海）股份有限公司；

2×PCR Taq Master Mix、DNA Marker，购于北京天根试剂公司。核酸蛋白测定仪（Eppendorf），PCR 扩增仪（Eppendorf），DYY-6C 型凝胶电泳仪（北京六一），凝胶成像仪（Bio-Rad）。

（四）基因组 DNA 提取

供试真菌总 DNA 提取采用 Ezup 柱式真菌基因组 DNA 抽提试剂盒；供试基质样本总 DNA 提取采用土壤总 DNA 提取试剂盒；供试植物样本总 DNA 提取采用植物总 DNA 提取试剂盒。提取后的 DNA 用分光光度计测量 DNA 的浓度，使 DNA 的 $D_{260\,nm}/D_{280\,nm}$ 控制在 1.8 ~ 2.0 之间，-20℃保存备用。

（五）引物筛选、设计及特异性检测

以目标病原菌——根腐病菌、黑胫病菌、立枯病菌和根黑腐病菌，以及对照菌——烟草拟茎点霉、烟草炭疽菌、烟草链格孢菌的基因组 DNA 为模板，我们利用 RAPD（随机扩增多态性 DNA）随机引物进行了特异性片段的筛选。筛选得到的根腐病菌、黑胫病菌、立枯病菌和根黑腐病菌的特异片段被送至生工生物工程（上海）股份有限公司进行测序分析。基于这些特异片段的序列信息，我们设计了针对各病原菌的特异引物对，包括 LD141 F/R、YM1002 F/R、LK111 F/R 和 GHFT F/R。同时，RAPD 反应体系和扩增条件也得到了优化。随后，我们使用 1% 琼脂糖凝胶电泳对 PCR 扩增产物进行了检测。此外，A.iridis 的特异引物对 AiT7 F/R 由课题组前期工作筛选获得并沿用。引物由生工生物工程（上海）股份有限公司合成，其序列如下表 5-1 所示。

表 5-1　用于多重 PCR 扩增的特异性引物

病原菌	引物名称	引物序列（5'-3'）	片段长度 /bp	登录号
烟草根腐病菌	LD141	F：CCGAAGGTCTGTCCGTGTC R：CGCCGTAGTTCTGGTTGTC	370	KM268692.1
黑胫病菌	YM1002	F：CGATTCGGTTCCCTTTCA R：TACTCCCGTCCATTTCTG	240	KJ494920.1
立枯病菌	LK111	F：CACTCTTCTCTTTCATCC R：AGAAGCGGTTCGTCTGCA	536	OP546633.1

续表

病原菌	引物名称	引物序列（5'-3'）	片段长度/bp	登录号
根黑腐病菌	GHFT	F: CTCAAAACTCTTTCAAACGCTC R: TGCTGTTATGCCGAGCAA	783	MH522759.1
鸢尾丝囊霉菌	AiT7	F: CCGGCACAACTGACTCAGAA R: CACTCCATGCCGAACGAATG	138	MF947784.1

PCR 扩增体系：2×PCR Mix 12.5 μL，上游、下游引物（工作浓度 10 pmol/μL）各 1.0 μL，基因组 DNA 模板（50 ng/μL）1 μL，用 ddH₂O 补足至 25 μL。反应程序：94℃预变性 5 min；95℃变性 30 s，59℃退火 30 s，72℃延伸 30 s，30 个循环；最后 72℃延伸 10 min。PCR 产物采用 1% 琼脂糖凝胶电泳，电泳电压为 120 V，紫外凝胶成像仪进行电泳观察。由生工生物工程（上海）股份有限公司进行 PCR 产物测序。

（六）多重 PCR 检测方法的建立及条件优化

1.PCR 反应体系

2×PCR Taq Master Mix 12.5 μL；烟草根腐病菌（*F.oxysporum*）、黑胫病菌（*P.nicotianae*）、立枯病菌（*R.solani*）、根黑腐病菌（*T.basicola*）和鸢尾丝囊霉菌（*A.iridis*）模板 DNA 各 50 ng；LD141 F/R、YM1002 F/R、LK111 F/R、GHFT F/R、AiT7 F/R 特异引物（10 μmol/L）各 0.5 μL，双蒸水补至 25.0 μL。反应条件：94℃预变性 4 min；94℃变性 40 s，退火温度退火 50 s，72℃延伸 40 s，28 个循环；72℃延伸 8 min。4℃保存。取 5.0 μL PCR 产物进行 3% 琼脂糖凝胶电泳，采用凝胶成像系统检测电泳结果。

2. 退火温度优化

反应退火温度分别设置为 54.0℃、54.4℃、55.2℃、56.3℃、57.7℃、58.8℃、59.5℃、60.0℃，其他参数同上。

3. 引物浓度优化

根据最佳反应退火温度的扩增结果，选择 LK111 上下游引物添加量分别为 0.5、0.35、0.2 μL 进行优化；选择 YM1002、LD141 上下游引物添加量分别为 0.5、0.75、1.0 μL 进行优化，具体设置如表 5-2 所示。

表5-2 引物终浓度（单位：μM）

序号	LK111 F	LK111 R	YM1002 F	YM1002 R	LD141 F	LD141 R	AiT7 F	AiT7 R	GHFT F	GHFT R
1	0.5	0.5	0.5	0.5	0.5	0.5	0.5	0.5	0.5	0.5
2	0.35	0.35	0.5	0.5	0.5	0.5	0.5	0.5	0.5	0.5
3	0.2	0.2	0.5	0.5	0.5	0.5	0.5	0.5	0.5	0.5
4	0.2	0.2	0.5	0.5	0.5	0.5	0.5	0.5	0.5	0.5
5	0.2	0.2	0.75	0.75	0.5	0.5	0.5	0.5	0.5	0.5
6	0.2	0.2	1.0	1.0	0.5	0.5	0.5	0.5	0.5	0.5
7	0.2	0.2	1.0	1.0	0.5	0.5	0.5	0.5	0.5	0.5
8	0.2	0.2	1.0	1.0	0.75	0.75	0.5	0.5	0.5	0.5
9	0.2	0.2	1.0	1.0	1.0	1.0	0.5	0.5	0.5	0.5

4. 循环数优化

选择26、28、30、32个循环，其他参数同上。

（七）多重PCR的灵敏度检测

利用超微量紫外分光光度计测定烟草根腐病菌、黑胫病菌、立枯病菌、鸢尾丝囊霉菌和根黑腐病菌的基因组DNA模板浓度，从初始浓度50 ng/μL开始依次按10^{-1} ~ 10^{-5}梯度进行倍比稀释，按照已经优化的多重PCR条件进行扩增，测定多重PCR的灵敏度。

（八）接种育苗基质中5种病原菌的多重PCR检测

分别制备烟草根腐病菌、黑胫病菌、立枯病菌、鸢尾丝囊霉菌和根黑腐病菌菌悬液（10^6 cfu/mL），进行等比例混合后，吸取5 mL混合液加入50 g灭菌烟草漂浮育苗专用基质中，25℃过夜培养后，取接种基质样品约0.5 g提取基因组总DNA(参照土壤总DNA提取试剂盒说明书)，进行5种病原的多重PCR扩增和单一病原的PCR扩增，扩增条件分别见（六）1和（五），以5种病原菌基因组DNA为阳性对照。

（九）多重PCR检测方法在烟草根茎病害检测中的初步应用

在烤烟生长期的6 ~ 7月，从河南烟区采集病株样本，用自来水洗净染病根茎部，取病健交界处组织，切成 4 mm² 小块，用 70% 酒精消毒 30 s 后，取其 0.5 g 按 Ezup 柱式植物基因组 DNA 抽提试剂盒的方法提取样品 DNA，利用同样的方法提取健康组织样品中的 DNA。以烟草根腐病菌、黑胫病菌、立枯病菌、根黑腐病菌和鸢尾丝囊霉菌基因组 DNA 为阳性对照，以健康组织样品 DNA 为阴性对照，采用建立的多重 PCR 反应体系进行检测。

二、烟草根茎病害病原菌检测的结果

（一）单一目标菌特异性检测

以目标病原菌基因组 DNA 为模板，分别使用 LD141 F/R、YM1002 F/R、LK111 F/R、GHFT F/R 和 AiT7 F/R 引物对进行 PCR 扩增，结果显示，能特异性地扩增出烟草根腐病菌、黑胫病菌、立枯病菌、根黑腐病菌、鸢尾丝囊霉菌，扩增得到的 PCR 产物片段大小分别为 370、240、541、783、138 bp，与预期片段大小一致，而对照菌株基因组 DNA 中均未扩增出目的条带。利用 GenBank 中 blast 程序进行扩增产物测序结果的比对分析，证明得到的 PCR 产物与设计的目标病原菌扩增片段大小一致，且同源性均在 98% 以上。由此说明引物特异性好，可以用于对烟草根腐病菌、黑胫病菌、立枯病菌、根黑腐病菌和鸢尾丝囊霉菌等 5 种病原菌的特异性检测。

（二）多重 PCR 灵敏度检测

不同模板浓度的多重 PCR 扩增结果如图 5-1 所示。由图 5-1 可以看出，将 5 种病原菌的 DNA 模板浓度分别稀释至 5 ~ 0.05 ng/μL 时，均可扩增出 5 条目的条带，其中，当 DNA 模板浓度稀释至 0.5 ng/μL 时，5 种病原菌的目的条带均比较明亮且单一，当 DNA 模板浓度稀释至 0.05 ng/μL 时，根黑腐病菌和立枯病菌的目的条带较弱，根腐病菌、黑胫病菌和鸢尾丝囊霉菌的目的条带变化不大。随着模板浓度降低，根黑腐病菌和立枯病菌未出现目的条带，根腐病菌和黑胫病菌的目的条带变弱，而鸢尾丝囊霉菌的目的条带变化不大。由此表明，能有效地检测出 5 种病原菌的最低限值为 0.5 ng/μL 基因组 DNA 浓度，鸢尾丝囊霉菌的检测灵敏度受基因组 DNA 浓度的影响较小。

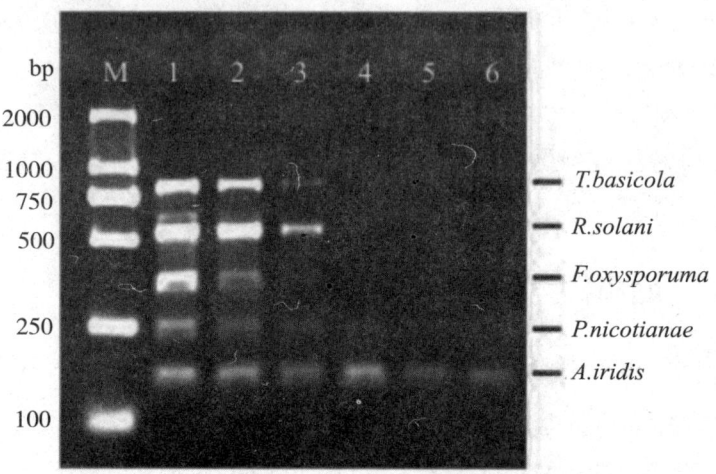

注：编号 1–6，基因组 DNA 浓度分别为 50、5、0.5、0.05、0.005、0.000 5 ng/μL。

图 5–1　不同模板浓度的多重 PCR 扩增结果

（三）育苗基质样品中 5 种病原菌的多重 PCR 检测

人工接种育苗基质样品检测结果如图 5–2 所示，接种基质样品均能扩增出目的条带，其中多重 PCR 能同时扩增出 5 条目的条带，单一病原菌能扩增出对应大小的目的条带。由此表明，建立的多重 PCR 方法可应用于育苗基质样品中 5 种病原的快速检测。

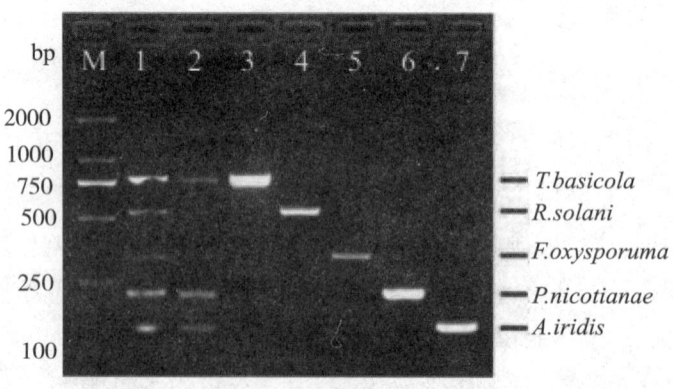

注：编号 1–7，分别为阳性对照，接种基质样品的多重 PCR 扩增，T.basicola、R.solani、F.oxysporum、P.nicotianae、A.iridis 单一病原的 PCR 扩增。

图 5–2　育苗基质样品中 5 种病原菌的多重 PCR 扩增

（四）多重 PCR 技术在烟草病害检测中的应用

对采自不同烟区的 23 份烟草病害样本进行多重 PCR 检测（图 5-3），其中阳性对照检测结果正常，有 11 个样本检测出烟草根腐病菌，有 5 个样本检测出立枯病菌，4 个样本检测出黑胫病菌，其中有 2 个样本中能同时检测出立枯病菌和黑胫病菌，3 个样本中能同时检测出根腐病菌和黑胫病菌，3 个样本中能同时检测出立枯病菌和根腐病菌，1 个样本中能同时检测出立枯病菌、根腐病菌和黑胫病菌，未检出烟草根黑腐病菌和鸢尾丝囊霉菌。以上检测结果与病害组织分离鉴定结果一致（表 5-3）。由此表明，该多重 PCR 体系可用于田间烟草病害样本中 5 种病原的快速检测。

注：编号 1-23，不同病害样本；编号 24，阴性对照；编号 25，阳性对照。

图 5-3　不同病害样品的多重 PCR 检测

表 5-3　部分病害样本的组织分离病原鉴定结果

样本编号	采集地点	分离病原
5	许昌襄县	立枯丝核菌（*R.solani*）
7	三门峡卢氏	立枯丝核菌（*R.solani*）、尖孢镰刀菌（*F.oxysporum*）
8	许昌襄县	尖孢镰刀菌（*F.oxysporum*）
9	漯河临颍	尖孢镰刀菌（*F.oxysporum*）、疫霉菌（*P.nicotianae*）
10	许昌禹州	立枯丝核菌（*R.solani*）、疫霉菌（*P.nicotianae*）
14	平顶山郏县	尖孢镰刀菌（*F.oxysporum*）、疫霉菌（*P.nicotianae*）
22	许昌襄县	立枯丝核菌（*R.solani*）、尖孢镰刀菌（*F.oxysporum*）、烟草疫霉菌（*P.nicotianae*）
23	许昌襄县	立枯丝核菌（*R.solani*）

目前，已有关于烟草黑胫病菌、青枯病菌、立枯病菌、根腐病菌、根黑腐病菌、猝倒病菌等多种烟草病原菌多重 PCR 技术体系的研究报道，但不同地域的烟草主要病害种类有所不同，因此，需要根据当地病害发生情况构建不同病原组合的多重 PCR 体系。本研究建立了烟草根腐病菌

（*F.oxysporum*）、黑胫病菌（*P.nicotianae*）、立枯病菌（*R.solani*）、根黑腐病菌（*T.basicola*）和鸢尾丝囊霉菌（*A.iridis*）等 5 种根茎病害病原菌的多重 PCR 检测方法，灵敏度为 0.5 ng/μL 基因组 DNA，可实现对育苗基质和烟株中 5 种病原菌的快速检测，对烟草苗期根茎病害的早期预防具有重要意义。

第二节 烟草上基因沉默技术的应用与探索

基因沉默技术即 virus–induced genetic silencing，简称 VIGS，指的是带有目的基因的病毒在入侵对象植物内部后，诱导植物内部相同序列基因不进行表达的操作，其属于转录后水平基因沉默现象。因基因沉默技术本身的应用优势，烟草行业相关技术人员在研究过程中，开始有意识地将其应用在烟草抗病育种与基因功能探索方面，并取得了较好的效果。本节就基因沉默技术的应用局限性、烟草上基因沉默技术的应用途径及前景进行论述。

一、基因沉默技术的应用局限性

基因沉默技术在转基因育种、植物抗病毒、基因功能探索等多个方面皆取得了不俗的成就，尤其在烟草上的应用更是成绩斐然。但是基因沉默技术也有一定的不足与局限性。

第一，基因沉默技术对部分小量表达沉默效果展示不甚明显，而基因沉默要发挥作用的前提是沉默对象内部包含相应 dsRNA 积累，在处理一些小量表达基因进程中，沉默效果难以达到理想状态。第二，在数个序列相同或者近似时，这几个序列都会受到沉默技术的影响，造成了在进行表现型观察时，表现不甚明显或者难以确认是哪一个基因导致的沉默现象。第三，在部分非表现基因中对其功能进行预测，很难借助基因沉默进行表现型有效观察。目前，技术人员为克服该缺陷，选择在病毒载体中装置指示基因，例如，放入 PDS 发生光漂白，置入荧光基因，借助其观察指示性状进行判断。第四，在进行植物抗病时为强化沉默效果，刻意提升沉默序列本身特异性时，造成抗病窄谱现象。

在基因沉默基础出现与蓬勃发展之后，烟草上应用选择的载体有 7 种，占据当前病毒载体的一半，在时效性、稳定性等方面有着突出优势。在研究烟草基因功能时，从其基因功能层面研究其整体的生长发育状况，能够为其他植物基因功能研究提供较为明确的参考价值。例如，在植物抗虫抗病研究时，就其他植物而言基因沉默技术只是研究了基因功能，但是在烟草上包括多项目抗性品种的研究已经得到有效推广。

二、烟草上基因沉默技术的应用途径

（一）基因沉默技术条件优化

实现基因沉默技术的有效应用，必须保证其有一个较好的生存条件与环境，才能发挥其最大效用。重点把握以下几点。

第一，植物培育环境与条件会最大程度上影响病毒侵染、复制过程，因此，应创造适宜病毒侵染的环境，以发挥更好的沉默作用。第二，要求保持适宜温度。温度对基因沉默技术的真实沉默效果有着巨大影响，但是载体不同，其引发沉默的最佳温度也有着较大不同，且同一个载体针对不同种类寄主亦有着差异化的沉默适宜温度。例如 TRV，其在本氏烟草上最佳沉默温度区间为 22 ~ 25℃，而 TYLCCNV 病毒载体在处于32℃时仍旧能够进行沉默。第三，保持适宜湿度。湿度在一定程度上也会影响基因沉默技术真实沉默效果。相关研究所示，在低湿度条件下，TRV 载体发生于基因沉默寄主植物差异化的生育期时会影响基因沉默技术的真实沉默效果，主要原因是通常植物处于苗期状态时会较为容易遭受各种病毒侵袭，且各个生育阶段对病毒侵入、移动、增殖等活动会有不同程度影响，并对基因沉默技术有一定影响，以往研究结论显示，幼苗期会有着较好的沉默效果。但是出于本氏烟上的 TRV，其真实沉默效果却不会过多受到寄主生育期的影响。此外，TYLCCNV 病毒载体不会受到生育期影响。第四,保持较为科学、适宜的导入方式。因基因沉默技术选择的导入植物方式会因其所选载体方式不同表现出较大的不同，若其初始导入量相对较大，则其表现的沉默初始量亦会较大，会有着更显著的初始效果。当前阶段，选择较多的介入方式包括农杆菌介导、金属离子轰击、机械接种等。其中 RNA 病毒通常会选择机械接种，而 DNA 病毒较多选择粒子轰击。农杆菌介导是当前最有效、最方便、应用最为广泛的导入方式，在农杆菌中导入 VIGS 载体，再选择农杆菌菌液进行植物寄主侵入，农杆菌侵染植物一般会选择灌根法、抽真空浸润法、牙签穿刺法、针筒浸润法等方式，后两种方式相对来说工作量大、沉默效率不高，而抽真空浸润法在应用时对各种条件要求较高。综合来说，一般会选择灌根法在烟草上大规模操作与使用，因农杆菌菌液真实制备效果亦会对基因沉默技术效率产生影响，根据相关报道所述，DNAmβ 与 TRV 在处于 OD600 2.0 时，在浓度为 200 µmol/L 乙酰丁香酮中复苏不低于 2 h，能够达到最佳的沉默效果。

（三）毒病抗病以及育种上基因沉默技术的应用

基因沉默技术除了能够探究基因组系列功能，亦能用于改良烟草物种品种，从根源上预防烟草根茎病害的发生。比如，对于一些不愿让其进行表达的基因，可选择对其进行沉默，或者导入某个病毒基因片段到相应植物中，如此能够让其形成对该病毒或者存在亲缘关系的病毒产生抗性；还可进行植物抗虫，比如，烟草产生的尼古丁对昆虫危害进行防御，其中茉莉酸是尼古丁防御体系中的核心因子，可借助沉默茉莉酸提升尼古丁含量，避免昆虫随意取食。20 世纪末，Ratclif 尝试将绿色荧光蛋白基因装置在 TRV 载体，以此提升其 PVX–GFP 抗性；进入 21 世纪后，郭兴启等学者克隆了坏死马铃薯株系 CP 基因，并装置其与 pROK2 质粒，借助根癌农杆菌，最终转化为烟草，该过程总计获取 7 株对 PVYN 具有较高抵抗力的转基因烟草；2013 年，江彤等研究人员选择了部分马铃薯 Y 病毒基因，并转到烟草基因中，获取具备 PVY 抗性的部分烟草株系。

三、基因沉默技术的应用前景

总结基因沉默技术的发展，主要体现在两个方面：一方面，病毒载体层面，通过筛选简单性、操作便利性更强的载体，强化烟草基因功能探索与研究；另一方面，探索更加经济、有效的侵染方式。当前经济性最高的方式为农杆菌，但是其菌体不易保存，且在操作时会面临更加复杂的环境，这时，基因沉默技术难以应用在生产进程中。简而言之，基因沉默技术在烟草育种与基因功能方面仍然有较大发展空间，基因沉默技术在烟草根茎部病害防控方面的应用还需相关技术人员继续探索。

参考文献

[1]Li Z, Bai X, Jiao S, et al. A simplified synthetic community rescues Astragalus mongholicus from root rot disease by activating plant–induced systemic resistance[J]. Microbiome, 2021(1):1–20.

[2]Lynch J. Root Architecture and Plant Productivity[J]. Plant Physiology,1995(1):7–13.

[3]Nardi S, Concheri G, Pizzeghello D, et al. Soil organic matter mobilization by root exudates[J]. Chemosphere, 2000(5): 653–658.

[4] 白茂军，高正锋，张力元，等 . 烟草青枯病发病程度与土壤环境间的响应关系 [J]. 江苏农业学报，2023（6）：1294–1302.

[5] 曹景林，程君奇，李亚培，等 . 湖北烟草种质资源图鉴 [M]. 武汉：华中科技大学出版社，2022.

[6] 曹子健，邱艳红，王爽，等 . 多重 PCR 技术在植物病原物检测中的应用 [J]. 中国农业科技导报，2023（8）：216–224.

[7] 陈海念 . 植烟土壤土传病害区土壤微生物生态特征变化及其影响因素分析 [D]. 贵阳：贵州大学，2020.

[8] 陈继峰，蔡凯旋，孙会，等 . 河南烤烟连作状况调查与分析 [J]. 河南农业科学，2015（11）：34–37.

[9] 钏有聪，张立猛，焦永鸽，等 . 大蒜与烤烟轮作对烟草黑胫病的防治效果及作用机理初探 [J]. 中国烟草学报，2016（5）：55–62.

[10] 窦玉青，屈建康，陈刚，等 . 生物有机肥在四川烟区应用效果初报 [J]. 中国烟草科学，2015（3）：68–71.

[11] 樊俊，谭军，王瑞，等 . 烟草青枯病发病土壤理化性状及细菌群落结构分析 [J]. 中国烟草科学，2021（6）：15–21.

[12] 樊俊，向必坤，谭军，等 . 雪茄烟田微生物群落和土壤理化性状与青枯病发生的关系 [J]. 中国烟草科学，2022（5）：94–100.

[13] 方珍娟，张晓霞，马立安 . 植物内生菌研究进展 [J]. 长江大学学报（自然科学版），2018（10）：41–45.

[14] 高升升 . 高氮投入促进烟草青枯病爆发机理研究 [D]. 重庆：西南大学，2020.

[15] 管恩娜 . 生物质炭对土壤理化性质、烤烟生长及烟草黑胫病的影响 [D]. 北京：中国农业科学院，2016.

[16] 郭增鹏，董坤，朱锦惠，等 . 施氮和间作对蚕豆锈病发生及田间微气候的影响 [J]. 核农学报，2019（11）：2294–2302.

[17] 曹圣金 . 烤烟主要病虫害识别及防治图册 [M]. 长沙：湖南科学技术出版社，2011.

[18] 贾创 . 烟草典型土传病害发生与根系微域环境因子特征的关系研究 [D]. 昆明：云南农业大学，2023.

[19] 李宏图，何俊龙，熊镇贵，等 . 绿色生态烟叶生产 4 个关键环节研究进展 [J]. 农学学报，2017（10）：34–38.

[20] 李俊领，马晓寒，张豫丹，等 . 土壤微生物与烟草青枯病发生关系的研究进展 [J]. 生物技术通报，2020（9）：88–99.

[21] 李磊 . 烟草上基因沉默技术的应用分析 [J]. 河南农业，2022（5）：55–56.

[22] 李淑玲，陈俊标，张振臣等 . 烟草生产实用技术 [M]. 广州：广东科技出版社，2008.

[23] 李廷轩，马国瑞 . 籽粒苋 – 烟草间作对烟叶部分矿质元素含量及品质的影响 [J]. 水土保持学报，2004（1）：138–140+143.

[24] 李文卿，陈顺辉，柯玉琴，等 . 不同移栽期对烤烟生长发育及质量风格的影响 [J]. 中国烟草学报，2013（4）：48–54.

[25] 李小杰，李琦，刘畅，等 . 河南烟区烟草根茎类病害调查及病原鉴定 [J]. 烟草科技，2022（1）：41–47.

[26] 李小杰，刘畅，李成军，等 . 基于 RAPD 分子标记的烟草青枯病菌特异引物筛选及效果评价 [J]. 中国烟草学报，2021（2）：72–78.

[27] 李小杰，刘剑君，白静科，等 . 烟草鸢尾丝囊霉菌的生物学特性及分子检测 [J]. 中国烟草科学，2022（6）：53–59.

[28] 李小杰，张梦丹，刘畅，等 . 五种烟草根茎病害病原菌多重 PCR 检测方法的建立与应用 [J]. 中国烟草科学，2024（3）：60–67.

[29] 李艳玲，宋阿琳，卢玉秋，等 . 不同土壤玉米根际挥发性有机物组成和微生物群落特征 [J]. 植物营养与肥料学报，2019（10）：1633–1645.

[30] 梁远志，陈晓元，周鑫斌 . 烟杆碳基肥与拮抗微生物复配对烟草生长和抗病性的影响 [J]. 植物医学，2023（2）：27–35.

[31] 刘朝波，钱刚，李林 . 内生菌与药用植物活性成分生产的研究进展 [J]. 遵义医科大学学报 .2021（6）：801–806.

[32] 刘佳悦，贾丽霞，王苗苗，等 . 抗（感）谷瘟病谷子品种内生菌多样性分析 [J]. 华北农学报，2022（5）：187–193.

[33] 陆星星，刘伟阳，徐后娟 . 烟草三类根腐类病害病原真菌多重 PCR 检测方法的建立 [J]. 山东农业大学学报（自然科学版），2016（4）：520–524.

[34] 马国胜 . 烟草疫霉菌及其病害生态治理研究 [M]. 苏州：苏州大学出版社，2015.

[35] 马莲菊，王金缘，张韫璐，等 . 植物内生菌次生代谢产物活性多样性及其应用前景 [J]. 沈阳师范大学学报（自然科学版），2017（3）：344–348.

[36] 马勤，雷瑞峰，迪力热巴·阿不都肉苏力，等 . 环境胁迫下内生菌与宿主代谢相互作用研究进展 [J]. 生物技术通报，2021（3）：153–161.

[37] 牟劲 . 优质烟草生产技术 [M]. 成都：四川科学技术出版社，2019.

[38] 潘明森，王震铄，方敦煌，等 . 土壤中黑胫病菌荧光定量 PCR 快速检测体系的建立及初步应用 [J]. 江西农业大学学报，2015（4）：712–718.

[39] 彭怀俊，顾钢，纪成灿，等 . 烤烟根系土壤中青枯病菌动态与田间病害发生发展的关系 [J]. 湖南农业大学学报（自然科学版），2005（4）：384–387.

[40] 蒲境，史东梅，娄义宝，等 . 不同耕作深度对红壤坡耕地耕层土壤特性的影响 [J]. 水土保持学报，2019（5）：8–14.

[41] 邱权，李吉跃，王军辉，等 . 西宁南山 4 种灌木根际和非根际土壤微生物、酶活性和养分特征 [J]. 生态学报，2014（24）：7411–7420

[42] 邱睿，李小杰，李成军，等 . 烟草镰刀菌根腐病拮抗细菌的筛选鉴定及促生防病效果 [J]. 中国烟草科学，2022（6）：31–38.

[43] 任安芝，高玉葆 . 植物内生真菌———一类应用前景广阔的资源微生物 [J]. 微生物学通报，2001（6）：90–93.

[44] 时安东，李建伟，袁玲 . 轮间作系统对烤烟产量、品质和土壤养分的影响 [J]. 植物营养与肥料学报，2011（2）：411–418.

[45] 舒芳玲，范东升，张得平，等 . 烟草五种土传病原菌的多重 PCR 快速检测 [J]. 中国烟草学报，2022（5）：95–103.

[46] 舒芳玲 . 烟草根茎部病害多重 PCR 检测及主栽品种抗性差异分析 [D]. 南宁：广西大学，2023.

[47] 孙广宇，宗兆锋 . 植物病理学实验技术 [M]. 北京：中国农业出版社，2002

[48] 孙延国，刘好宝，高华军，等 . 移栽期对海南雪茄外包皮烟叶生长发育及产量品质的影响 [J]. 中国烟草科学，2019（3）：91–98.

[49] 万川，蒋珍茂，赵秀兰，等 . 深翻和施用土壤改良剂对烟草青枯病发生的影响 [J]. 烟草科技，2015（2）：11–15，26.

[50] 汪汉成，余婧，蔡刘体，等 . 温度、湿度、接菌量及 pH 对烟草青枯病菌致病力的影响 [J]. 中国烟草科学，2017（5）：8–12.

[51] 王贺祥 . 农业微生物学 [M]. 北京：中国农业大学出版社，2003.

[52] 王宏芝. 病毒诱导的基因沉默体系优化及烟草 DHS 基因功能研究 [D]. 北京：中国农业大学，2005.

[53] 王建林，王珍珍，琚晨仪，等. 生物炭对烟草根际微生物群落结构及青枯病发生的影响 [J]. 中国烟草科学，2024（2）：46–55.

[54] 王晴，张大琪，方文生，等. 土壤熏蒸对土壤氮循环及其功能微生物的影响研究进展 [J]. 农药学学报，2021（6）：1063–1072.

[55] 王荣波，叶劲松，吴平，等. 烟草四种重要土传病原菌多重 PCR 检测方法的建立与应用 [J]. 植物病理学报，2023（6）：1208–1221.

[56] 王新南，罗家豪，郝俊杰，等. 蚕豆幼苗内生固氮菌促生长特性的研究 [J]. 中国农业科技导报，2020（6）：33–39.

[57] 王兴才，杨文钰. 基于间套作弱光胁迫下作物源库协调与产量研究进展 [J]. 中国油料作物学报，2019（2）：292–299.

[58] 魏润洁，肖六平，王雅菲，等. 基因沉默技术在烟草上的应用研究 [J]. 现代农业科技，2015（8）：13–15+18.

[59] 巫艳，周云莹，朱玺燊，等. 植物内生菌多样性及其病害生防机制研究进展 [J]. 云南农业大学学报（自然科学版），2022（5）：897–905.

[60] 吴斌，姜珊珊，张眉等. 利用人工 ta–siRNA 策略培育抗 PVY 烟草 [J]. 山东农业科学，2018（12）：86–90.

[61] 吴凯，陈国军，闫慧峰，等. 籽粒苋与烟草间作后还田对烟草钾吸收和土壤钾有效性的影响 [J]. 草业学报，2017（6）：45–55.

[62] 吴寿明，高正锋，白茂军，等. 烟草黑胫病不同发病程度与根际微生物间的响应关系 [J]. 中国土壤与肥料，2023（7）：223–231.

[63] 武明珠，刘瑞霞，王中，等. 利用 VIGS 技术研究 NtbHLH93 基因在烟草甾醇代谢中的功能 [J]. 烟草科技，2019（6）：16–22.

[64] 夏治军. 果树病虫害冬季防治技术 [J]. 河南林业，2001（6）：17.

[65] 谢廷鑫，陈乾锦，曾强，等. 移栽方式对烤烟生长的影响及经济效益分析 [J]. 中国烟草科学，2014（6）：27–31.

[66] 徐汉虹，张志祥，程东美，等. 蒿蒿素类似物对斜纹夜蛾的生物活性研究 [J]. 华中农业大学学报，2000（6）：543–546.

[67] 徐洁，余萍，董超，等. 玫瑰与烟草间作对烟叶蛋白质影响的生物信息学分析 [J]. 中国烟草学报，2016（5）：104–110.

[68] 许博. 烟草苗期病害发生特点及综合防治措施 [J]. 安徽农学通报（下半月刊），2009（2）：106–107.

[69] 薛超群，段卫东，王建安. 烟草病虫害绿色防控 [M]. 郑州：河南科学技术出版

社，2017.

[70] 薛超群，牟文君，奚家勤，等.烤烟不同间作对烟草黑胫病防控效果的影响 [J].中国烟草科学，2015（3）：77–79.

[71] 杨阳，刘秉儒.荒漠草原不同植物根际与非根际土壤养分及微生物量分布特征 [J].生态学报，2015（22）：7562–7570.

[72] 姚博，何依璐，张晋豪，等.解淀粉芽孢杆菌 JK10 的鉴定及其对蓝莓根癌病的防治效果 [J].江西农业大学学报，2022（4）：891–899.

[73] 殷丽华，张金鹏，章国庆，等.小豆锈病分子检测体系的构建及应用 [J].干旱地区农业研究，2023（6）：238–244.

[74] 于会泳，高林，王毅，等.烟草种植起垄高度与移栽深度的交互效应研究 [J].中国烟草科学，2012（2）：82–85.

[75] 于庆涛，姚廷山.烟草镰刀菌根腐病研究进展 [J].安徽农业科学，2018（17）：34–36.

[76] 张成省.烟草根系分泌物介导的黑胫病抗性机制研究 [D].北京：中国农业科学院，2020.

[77] 张得智.轮作和间作对烤烟 KRK26 生长状况及产质量的影响研究 [D].长沙：湖南农业大学，2012.

[78] 张丽芳，陈海如，方敦煌，等.烟草青枯病、黑胫病和猝倒病的多重 PCR 检测 [J].华北农学报，2013，28（S1）：22–26.

[79] 张拯研，晋艳，黄成江，等.磷锌营养对烤烟抗花叶病毒病的影响 [J].湖南农业大学学报（自然科学版），2008（3）：298–302.

[80] 张宗锦，闫芳芳，孔垂旭，等.烤烟菽麻间作对烟草根结线虫防效及烟叶产质量的影响 [J].中国烟草科学，2019（2）：52–56.

[81] 赵焕兰，曹嘉灿，管媛媛，等.生防菌 A4 的鉴定及其对樱桃番茄采后主要病害的抑制作用 [J].保鲜与加工，2022（4）：82–89.

[82] 赵杰.山东省烟草镰刀菌根腐病病原及生物学特性的研究 [D].北京：中国农业科学院，2013.

[83] 郑世燕，丁伟，杜根平，等.增施矿质营养对烟草青枯病的控病效果及其作用机理 [J].中国农业科学，2014（6）：1099–1110.

[84] 郑轩.五种烟草病毒的多重 RT–PCR 检测技术研究 [D].咸阳：西北农林科技大学，2010.

[85] 钟泽澄，王进，张师音.多重 PCR 技术研究进展 [J].生物工程学报，2020（2）：171–179.

[86] 种斌，郭森森，徐小洪，等.覆盖模式对连作烟田青枯病防治的影响 [J].烟草科

技，2011（6）：74-77.

[87] 周本国，高正良，马国胜，等 . 烟草病毒病（CMV、PVY）药剂防治及挽回损失研究初报 [J]. 烟草科技，1998（3）：44-45.

[88] 周德海，高峰，王在军，等 . 间作桔梗对烤烟主要农艺性状及效益的影响 [J]. 山东农业科学，2014（9）：60-62.

[89] 周冀衡，朱小平，王彦亭，等 . 烟草生理与生物化学 [M]. 合肥：中国科学技术大学出版社，1996.